W0226464

Dieses Arbeitsheft gehört: ______________________

Liebe Schülerinnen und liebe Schüler,
eines der folgenden sechs Symbole findet ihr auf jeder Seite des Arbeitshefts oben neben der Überschrift.
Das Symbol zeigt euch, welche naturwissenschaftliche Arbeitsmethode auf dieser Seite besonders trainiert wird:

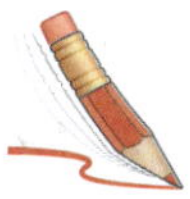
Fachsprache und geeignete Darstellungsformen verwenden

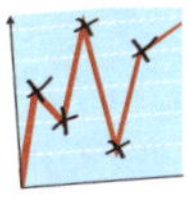
Diagramme erstellen, beschreiben und interpretieren

Messen von Größen

Modelle einsetzen, beschreiben und deuten

Naturwissenschaftliche Erkenntnisse gewinnen

Beobachten, Untersuchen und Mikroskopieren

Erfolgreiches und sicheres Experimentieren

Arbeiten im Team

Für das Arbeiten im Team gelten folgende Regeln:

- Die Teammitglieder sollen sich nicht gegenseitig anschreien oder auslachen, sondern einander zuhören und gemeinsame Lösungen finden!
- Im Team wird miteinander gearbeitet – nicht gegeneinander!

Sinnvoll ist es, wenn ihr in eurer Gruppe verschiedene Aufgaben an bestimmte Personen verteilt:
Der ***Materialbeschaffer*** holt zu Beginn die erforderlichen Materialien und Experimentiergeräte.
Der ***Zeitwächter*** achtet auf zügiges Arbeiten und auf den Stundenschluss.
Der ***Gruppensprecher*** gibt die Ergebnisse der Gruppe bekannt.
Der ***Regelbeobachter*** achtet darauf, dass die von euch aufgestellten Regeln eingehalten werden.

Achtung: Geputzt und aufgeräumt wird immer gemeinsam!

Grundregeln zu Verhalten und Sicherheit

1. Im naturwissenschaftlichen Fachraum wird niemals gegessen und getrunken!
2. Eure Jacken und Taschen dürfen nicht zur Stolperfalle werden – sie gehören an den Rand des Raumes!
3. Du darfst nicht rennen oder schubsen!
4. Trage immer eine Schutzbrille!
5. Binde lange Haare mit einem Gummi zusammen!
6. Achte unbedingt darauf, dass du deine Teamkameraden nicht bespritzt oder verletzt!
   Und halte selbst deinen Kopf niemals über ein Reaktionsgefäß!
7. Wasche immer deine Hände, bevor du den Experimentierraum verlässt!

Die folgenden Symbole, die bei verschiedenen Versuchsanleitungen verwendet werden, zeigen dir, was du dort zu deiner Sicherheit unbedingt beachten musst:

Schutzbrille tragen

Schutzhandschuhe tragen

Hände waschen

Raum gut belüften

Aufgabe: Finde für alle 7 Regeln eine Begründung und diskutiere diese mit deinen Teamkameraden.

Regeln für das Arbeiten im naturwissenschaftlichen Unterricht – Experimentieren

Weg der Erkenntnisgewinnung:
Beobachtung
Fragestellung
Formulierung der Hypothese
Untersuchung – Experiment
Schlussfolgerung
→ neue Hypothese?

1. Lies die Anleitung genau durch und überlege dir Geräte und Materialien, die du für das Experiment brauchst. Plane den Ablauf des Experimentes und stimme die Vorgehensweise mit deinen Teampartnern anschließend ab.
2. Auf dem Experimentiertisch liegen nur die Materialien, die du für den Versuch brauchst. Achte darauf, dass nichts am Rand steht und alles kippsicher aufgebaut ist.
3. Notiere deine Vorgehensweise und auch unbedingt deine Beobachtungen in einem Protokoll!
4. Benutze zur Entnahme von Chemikalien immer nur saubere Spatel oder Pipetten – nie deine Finger!
5. Beschrifte die Behälter, in die du die Chemikalien einfüllst. Nimm wenig – der Umwelt zuliebe!
6. Experimentiere ruhig und sei vorsichtig mit zerbrechlichen, spitzen und heißen Gegenständen!
7. Säubere nach dem Experimentieren sorgfältig alle Arbeitsgeräte und den Tisch. Räume alles wieder zurück an seinen Platz. Chemikalienabfälle gehören in die dafür vorgesehenen Behälter.

Protokoll:
Versuchstitel
Durchführung
Beobachtung
Erklärung

Flüssigkeiten kannst du im Waschbecken entsorgen.

Feststoffe gehören in den Restmüllbehälter.

Für ätzende oder umweltschädliche Chemikalien hält deine Lehrkraft auf dem Pult einen besonderen Behälter bereit.

Gefahrenpiktogramme

Die Kennzeichnung von Gefahrenstoffen ist seit 2015 in einem weltweit gültigen System geregelt. Die folgenden neun Piktogramme zeigen schon auf den ersten Blick die Gefährlichkeit eines Stoffes und die sich daraus ergebenden Vorsichtmaßnahmen im Umgang mit dem Stoff.
Die Etiketten der Behälter enthalten noch weitere Informationen und Hinweise (siehe letze Seite).

gesundheitsgefährdend

gesundheitsschädlich

ätzend

leicht / hoch entzündlich

Gase unter Druck

umweltgefährlich

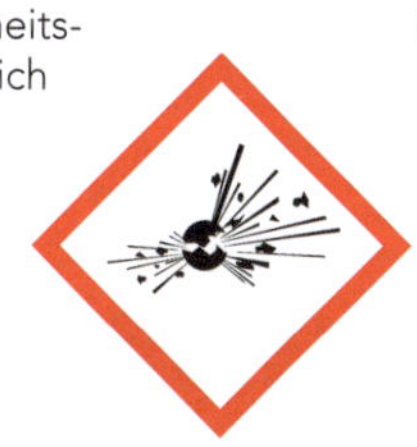

explosionsgefährlich

brandfördernd

giftig, sehr giftig

1. Halbjahr Datum: ____________ Unterschrift Schüler/in: ______________________

Unterschrift Elternteil: ______________________

2. Halbjahr Datum: ____________ Unterschrift Schüler/in: ______________________

Unterschrift Elternteil: ______________________

Geschlechtliche Fortpflanzung bei der Kirsche

Aufgabe 1: Beschreibe anhand der Abbildung und deines Wissens aus der fünften Klasse die Fortpflanzung bei der Kirsche von der Bestäubung bis zur Befruchtung.

Aufgabe 2: Vergleiche die Fortpflanzung der Kirsche mit der Fortpflanzung beim Menschen. Nenne Gemeinsamkeiten und Unterschiede.

Verbreitungsstrategien

Aufgabe 1: Sortiere die Früchte der Wind- und Tierverbreitung zu. Wähle aus jeder Kategorie ein Beispiel aus und beschreibe die Angepasstheiten im Bau der Frucht.

1 Birke

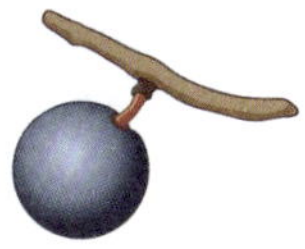

2 Schlehdorn

3 Rot-Ulme

4 Bachnelkenwurz

5 Gemeine Hasel

6 Wiesenbocksbart

7 Winterlinde

8 Waldkiefer

9 Berg-Weidenröschen

Wind: ____

Tiere: ____

Angepasstheiten: ____

____

____

____

____

____

Aufgabe 2: Die Abbildung zeigt die Anzahl der Samen einer Pflanzenart mit der Masse von jeweils einem Gramm. Bei den Beispielen handelt es sich nicht um die Masse der Früchte, sondern nur um die Masse der Samen. Ermittle den Zusammenhang zwischen der Verbreitungsart dieser Samen und ihrer Masse.

Zahl der Samen für ein Gramm

____

____

____

____

____

____

Bau eines Bohnensamens

Aufgabe 1: Beschrifte die einzelnen Bestandteile eines Bohnensamens.

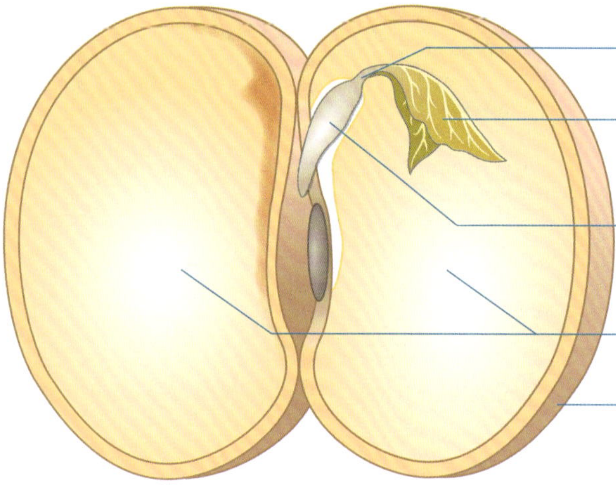

Aufgabe 2: Nenne den Bestandteil des Bohnensamens, der als Nährgewebe dient und beschreibe dessen Funktion.

Aufgabe 3: Eine Hälfte eines Bohnensamens wird für ein paar Minuten in Iodlösung eingelegt. Beschreibe und erkläre die Beobachtung nach dem Versuch.

Ungeschlechtliche Fortpflanzung

Aufgabe 1: Nenne jeweils die Art der ungeschlechtlichen Fortpflanzung und beschreibe, wie diese funktioniert.

a) ______________________________

____

b) ______________________________

____

c) ______________________________

____

d) ______________________________

____

e) ______________________________

____

Aufgabe 2: Kartoffeln werden in der Landwirtschaft ungeschlechtlich vermehrt.

a) Beschreibe die Art der ungeschlechtlichen Fortpflanzung bei der Kartoffel.

____

____

____

b) Erkläre den Vorteil dieses Verfahrens für den Landwirt.

____

____

____

c) Durch diese Form der Vermehrung sind die Kartoffeln anfälliger für Krankheiten wie den Kartoffel-Mehltau. Erkläre diesen Sachverhalt.

____

____

____

____

Einflussfaktoren auf die Keimung

V Welche Faktoren beeinflussen die Keimung von Samen?

Material
Kressesamen, sechs gleich große Behälter, Blumenerde, Sand, Watte oder Zellstofftücher, Wasser, lichtundurchlässiges Gefäß oder Alufolie, Frischhaltefolie, Haushaltsgummi, Kühlschrank

D a) Stelle einige Hypothesen bezüglich der Faktoren auf, die die Keimung beeinflussen könnten. Plant in kleinen Gruppen verschiedene Versuche, die jeweils den Einfluss eines Faktors auf die Keimung untersuchen. Führt die Versuche arbeitsteilig durch (jeder prüft einen Faktor). Protokolliert eure Ergebnisse jeweils auf dieser Seite.

Hypothesen: ______________________________

____

____

b) Gib den Faktor an, den du überprüfst und beschreibe kurz dein Vorgehen:

Unterlage: ....

____

____

B1 Eigene Beobachtung: ______________________________

____

B2 Beobachtungen der Versuche deiner Mitschülerinnen und Mitschüler: ______________________________

____

____

____

____

____

Kontrollansatz: ______________________________

E Vergleicht und interpretiert die Ergebnisse eurer Gruppe.

____

____

____

Nachweis von Stärke

V Unter welchen Bedingungen wird in Blättern Stärke produziert?

D a) Wickle vorsichtig einen Alufolienstreifen so um ein Blatt, dass ein Teil der Blattober- und -unterseite komplett eingehüllt ist.

b) Befestige die Folie mit durchsichtigem Klebefilm und stelle die Pflanze mindestens sechs Stunden ins Licht.

c) Befülle das Becherglas bis zur Hälfte mit Wasser und erhitze es auf der Heizplatte bis fast zum Sieden.

d) Entferne das eingewickelte Blatt und ein panaschiertes Blatt von den Pflanzen und lege die Blätter fünf Minuten in das Becherglas mit heißem Wasser.

e) Auf der Heizplatte werden etwa 100 mL Spiritus erwärmt.

Achtung! Dieser Teil muss von der Lehrkraft durchgeführt werden!

f) Nimm die Blätter anschließend mit einer Pinzette aus dem heißen Wasser und lege sie 10 Minuten in eine große Petrischale mit warmem Spiritus bis sie fast ganz entfärbt sind.

g) Nimm die Blätter mit der Pinzette aus dem Spiritus und spüle sie mit kaltem Wasser ab.

h) Lege sie dann in eine große Petrischale und tropfe mit der Pipette Iodlösung auf das ganze Blatt.

Material
ein Blatt einer Pflanze mit panaschierten Blättern (z. B. Blätter der Efeutute oder des tartarischen Hartriegels), Bohnenpflanze im Blumentopf, Alufolie, durchsichtiges Klebeband, Heizplatte, 250 mL Becherglas, 100 mL Becherglas, 2 große Petrischalen, Pinzette, Spiritus, Pipette, Iodlösung

B ______________________

E Ziehe eine Schlussfolgerung aus dem Experiment.
Erklärungshilfe: Die Iodlösung wird zum Nachweis von Stärke eingesetzt. In Anwesenheit von Stärke kommt es zu einer dunkelblauen Färbung der Lösung.

Bau eines Laubblattes

Aufgabe 1: Beschrifte mithilfe des Schulbuches die folgende Abbildung.

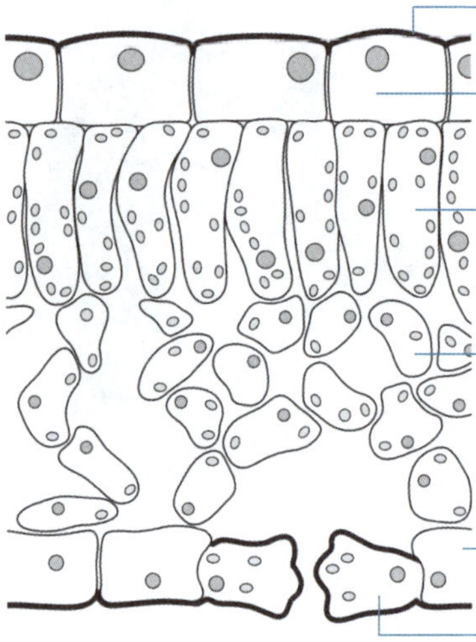

Aufgabe 2: Recherchiere die unterschiedlichen Aufgaben der Gewebe. Fasse geschickt zusammen.

Aufgabe 3: Trage eine dünne Schicht eines Flüssigklebers auf die Unterseite eines Blattes auf und lass sie trocknen. Ziehe dann die Schicht vorsichtig von dem Blatt ab und lege sie auf einen Objektträger. Betrachte die besondere Form der Abschlussgewebezellen und suche auch eine Spaltöffnung.

a) Zeichne wenige Zellen des Abschlussgewebes und eine Spaltöffnung.

Skizze

b) Formuliere eine begründete Vermutung über die Bedeutung der für Pflanzen untypischen Form der Abschlussgewebezellen.

Fotosynthese und Zellatmung

Aufgabe 1: Vervollständige die folgende Grafik anhand der folgenden Wortliste. Mehrfache Verwendungen der Wörter sind möglich.

Wortliste als Lösungshilfe:

Sauerstoff – Wasser – Kohlenstoffdioxid – Lichtenergie – Chloroplast – Mitochondrium – Energie – Traubenzucker und Stärke

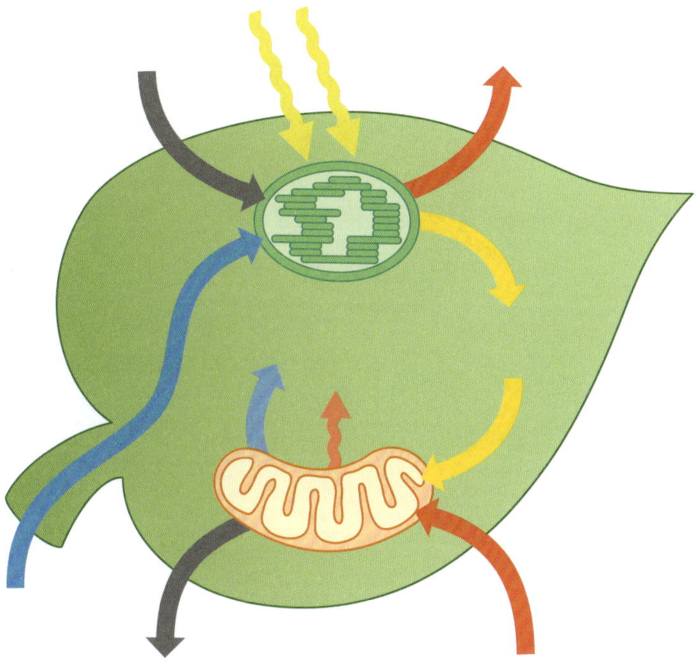

Aufgabe 2: Stelle den Vorgang der Zellatmung mit Spielzeugsteinen dar. Orientiere dich an der folgenden Abbildung.

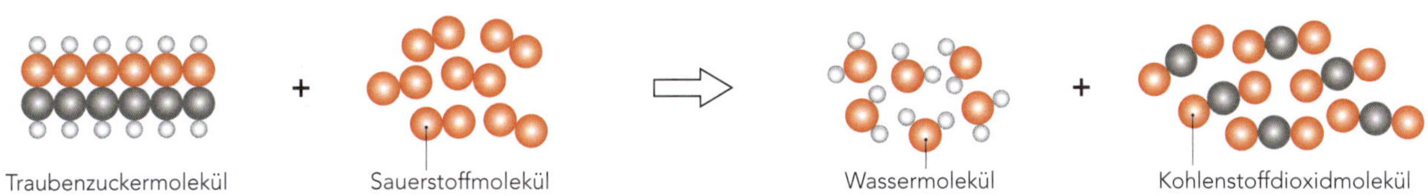

Aufgabe 3: Gib den Zusammenhang zwischen Fotosynthese und Zellatmung an und erläutere den wesentlichen Unterschied in der Ernährung einer Pflanze gegenüber einem Tier.

Bedeutung der Fotosynthese

Aufgabe 1: Informiere dich in deinem Schulbuch auf Seite 45 oder auch im Internet über die vielfältigen Nutzungsmöglichkeiten von Pflanzen und deren Erzeugnissen. Ergänze dann die Mind-Map.

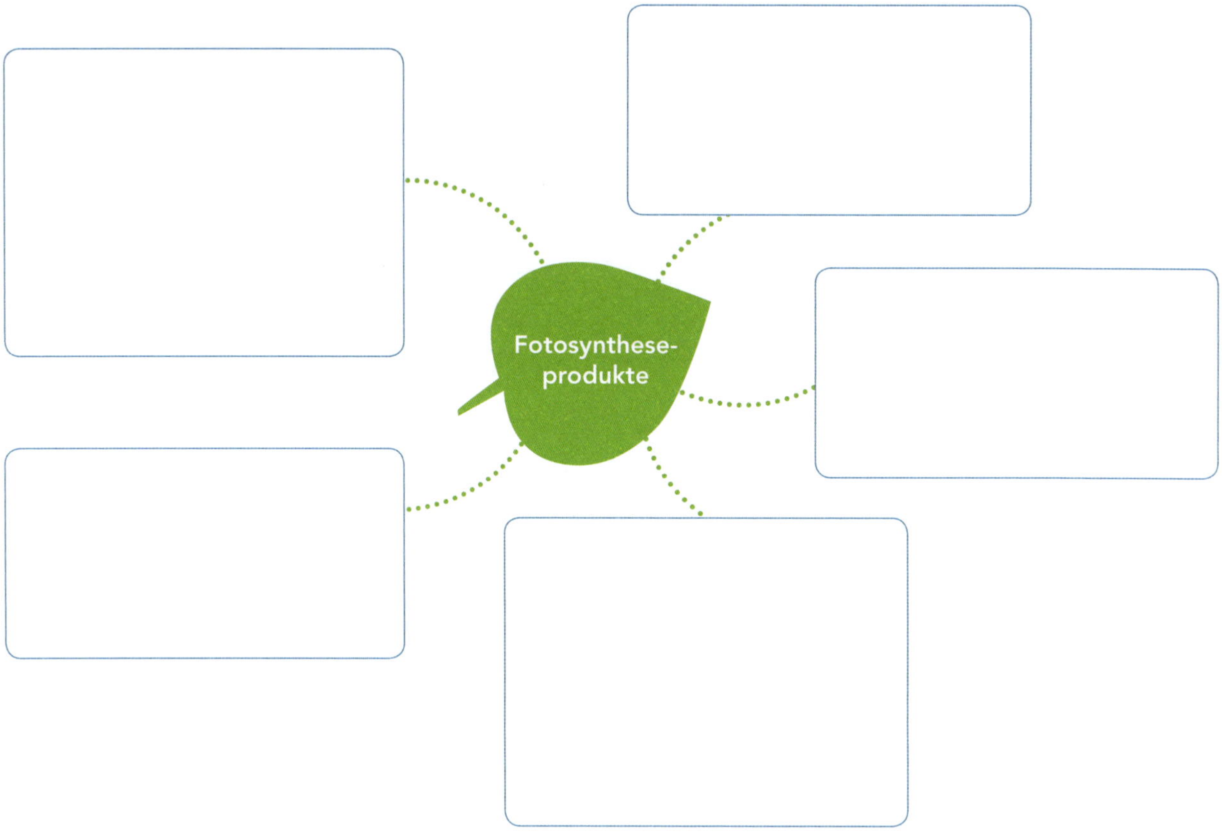

Aufgabe 2: Im Zusammenhang mit dem Klimawandel und der Energiewirtschaft wird der Ruf nach dem Anbau und der Verwendung von „nachwachsenden Rohstoffen" immer lauter.

a) Erkläre, was man unter den Begriffen „nachwachsende Rohstoffe" und „kohlenstoffdioxidneutral" versteht.

b) Formuliere jeweils ein Argument für und gegen den Anbau von Raps oder Mais als Rohstoff für Autotreibstoffe bzw. Biogasanlagen.

Licht als Einflussfaktor

V Kann eine Pflanze „ums Eck" wachsen?

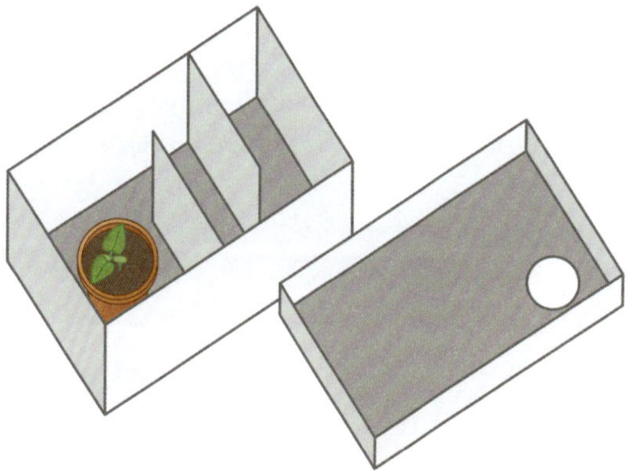

Material
gequollene Bohnensamen, Blumentopf, Untersetzer, Blumenerde, Schuhkarton, Pappe, Klebeband, Schere

D Fülle den Blumentopf mit Erde. Drücke drei Bohnen etwa 0,5 cm tief in die feuchte Blumenerde ein. Warte fünf bis sieben Tage, bis die Sämlinge ein paar Zentimeter aus der Erde gewachsen sind.
Schneide zwei rechteckige Stücke Pappe zurecht. Klebe sie mit Klebeband so wie in der Abbildung in den Schuhkarton. Schneide dann ein kleines rundes Loch in den Deckel. Stelle die kleinen Bohnenpflanzen im Blumentopf an das eine Ende des Labyrinthes. Lege den Deckel so auf den Karton, dass sich das Loch am gegenüberliegenden Ende vom Blumentopf befindet. Kontrolliere täglich das Wachstum der Pflanzen und befeuchte die Erde.

B a) Fertige einfache Skizzen zum Wachstum der Bohnenpflanzen im Karton an.

1. Tag 3. Tag 5. Tag 7. Tag

E a) Beschreibe die biologische Bedeutung der hier beobachteten Reaktion der Pflanze.

b) Vervollständige die folgende Zeichnung und erkläre die Vorgänge an der Sprossspitze der Bohnenpflanze.

c) Nenne weitere Beispiele für Vorteile, die Pflanzen durch Bewegungen haben.

Merkmale der Wirbeltierklassen

Lies die Seiten 60 und 61 in deinem Schulbuch. Vervollständige dann die Mind-Map zum Thema Wirbeltiere, die einen Überblick über die Merkmale der Klassen gibt.

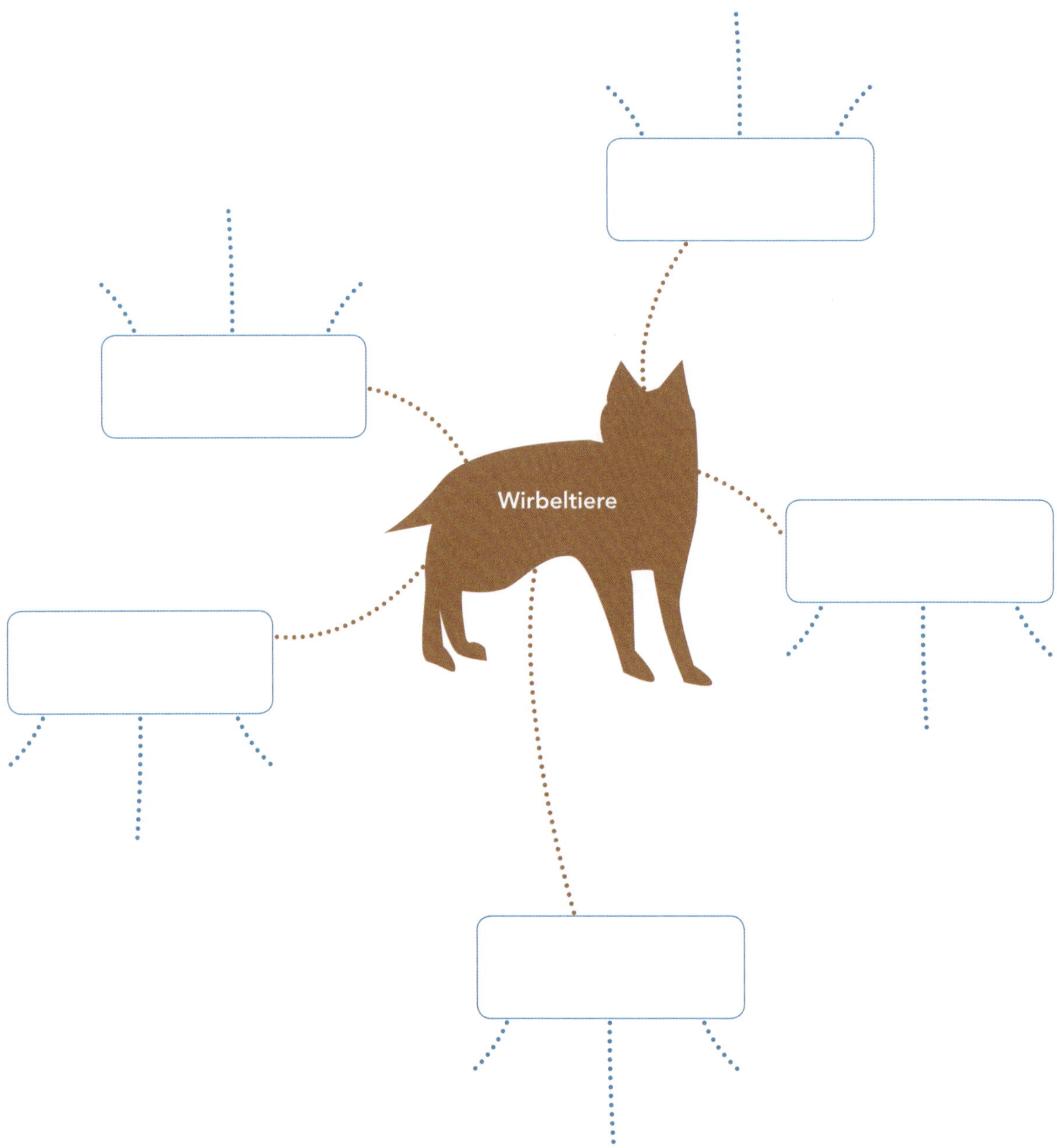

Stromlinienform und Schwimmblase

V1 Wer gewinnt das Rennen?

D1 Stelle aus den vier Knetestücken vier sehr unterschiedliche Formen her. Überlege dir, welche Formen du testen möchtest. Formuliere eine Hypothese, die die Form der Knetmasse und die Fallzeit berücksichtigt.

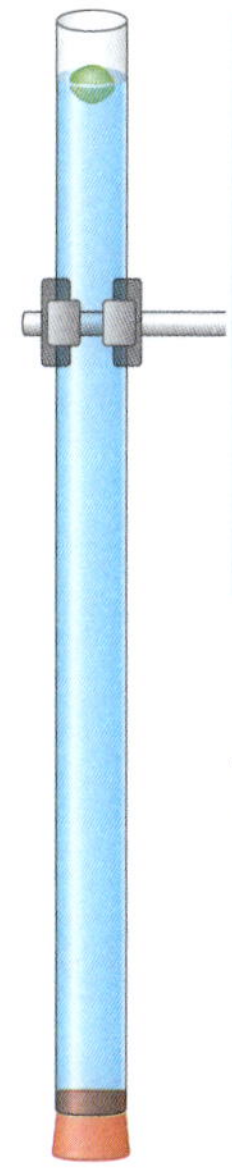

Material
Glasrohr (Länge: mind. 70 cm), Stopfen, Stativ mit Klemme, Knete (4 x 1 g), Stoppuhr

B1 Zeichne deine Formen in die Tabelle. In die zweite Zeile notierst du später die Fallzeit. Lass nun alle Formen nacheinander in das mit Wasser gefüllte Glasrohr fallen und bestimme die Zeit bis die Formen den Boden erreichen. Vervollständige die Tabelle!

Form				
Fallzeit in sec				

E1 Interpretiere dein Ergebnis und überlege dir dabei auch mögliche Fehlerquellen.

V2 Modellversuch zur Schwimmblase

D2 Befestige an der offenen Seite der Tintenpatrone die Büroklammer. Fülle die Flasche bis zum Rand mit Wasser. Gib die Patrone mit der Büroklammer nach unten in die Flasche und verschließe sie fest mit dem Deckel. Drücke, wenn nötig mit beiden Händen, die Flasche zusammen bis der ‚Taucher' sinkt. Beobachte dabei ganz genau das Innere der Tintenpatrone.

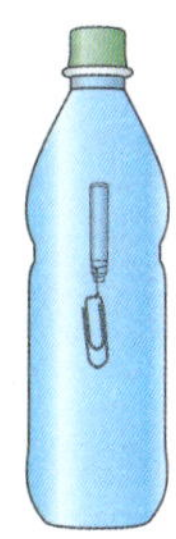

Material
kleine PET-Flasche, leere Tintenpatrone, Büroklammer

B2

E2 Vergleiche dieses Modell mit der Schwimmblase eines Fisches (vgl. Schulbuch Seite 64).

Beschreibe die Bedeutung eines solchen Modellversuchs.

Angepasstheiten an die Fortbewegung im Wasser

Aufgabe 1: a) Ordne die vier abgebildeten Tiere jeweils einer Wirbeltierklasse zu und begründe jeweils anhand eines Merkmals.

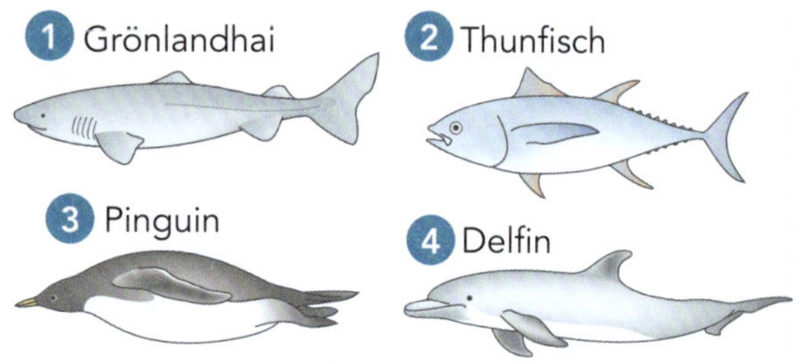

b) Erkläre den Vorteil, den stromlinienförmige Lebewesen bei der schnellen Fortbewegung im Wasser haben.

Aufgabe 2: Beschreibe die rechts abgebildete Fortbewegung im Wasser und gehe dabei auf die Aufgaben der verschiedenen Flossen ein.

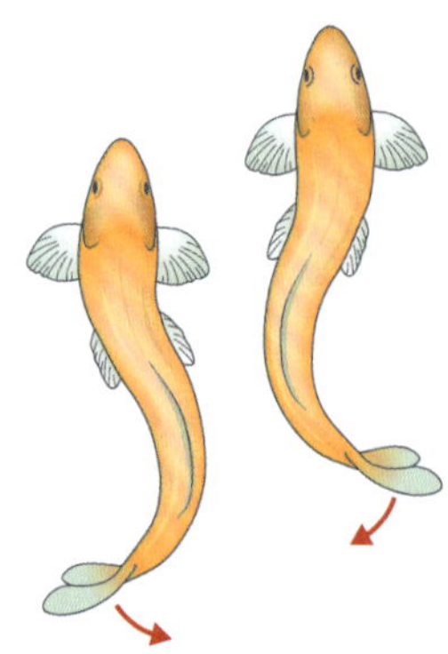

Aufgabe 3: Vergleiche die Schwanzflosse eines Fisches mit der Fluke eines Wals (siehe Delfin bei Aufgabe 1).

Aufgabe 4: Ein Fisch kann im Wasser schweben, wenn der Auftrieb seiner Gewichtskraft entspricht. Vervollständige die Skizze und erkläre die Bedeutung der Schwimmblase für das Schweben.

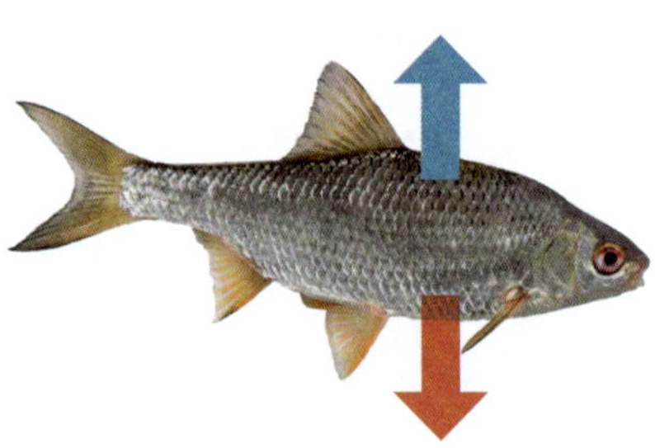

Angepasstheiten an die Fortbewegung an Land

Aufgabe 1: Die Abbildung zeigt das Hintergliedmaßenskelett eines Menschen (links) und einer Katze (rechts). Beschrifte die in der Abbildung gekennzeichneten Knochen der Katze.

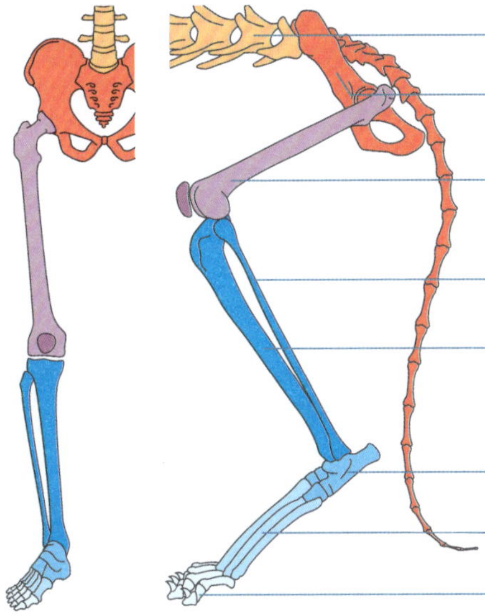

Aufgabe 2: Erkläre die Tatsache, dass eine Katze sich schneller als ein Mensch fortbewegen kann.

Aufgabe 3: Folgende Abbildungen zeigen die Füße verschiedener Vögel. Stelle jeweils eine begründete Hypothese zur vorrangigen Fortbewegungsweise dieser Vögel auf.

Angepasstheiten des Skeletts an den Flug

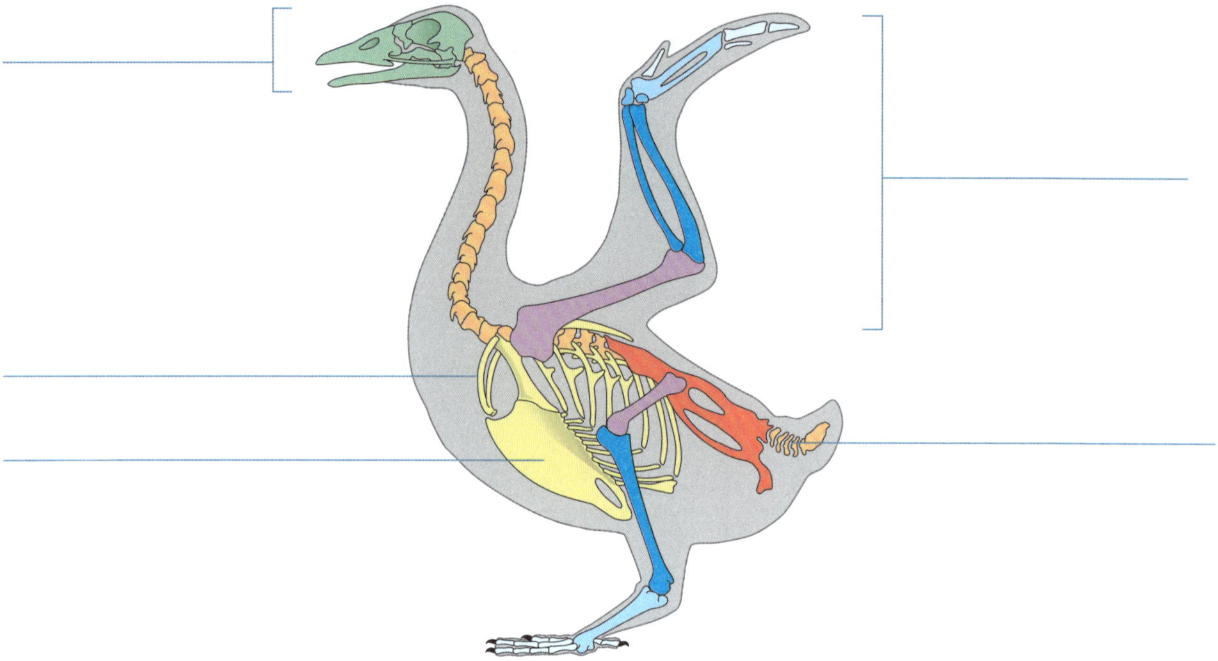

Aufgabe 1: Die obere Abbildung zeigt das Skelett eines Vogels. Beschrifte die gekennzeichneten Knochen bzw. Skeletteile mithilfe des Schulbuches.

Aufgabe 2: Jeder der gekennzeichneten Knochen stellt eine Angepasstheit an den Vogelflug dar. Erkläre diese Angepasstheiten jeweils kurz.

Angepasstheiten des Skeletts an den Flug

Aufgabe 3: Benenne in der folgenden Abbildung die Knochen (1 – 6) des Vogelarmskeletts und beschreibe Unterschiede zum menschlichen Armskelett und Knochenaufbau.

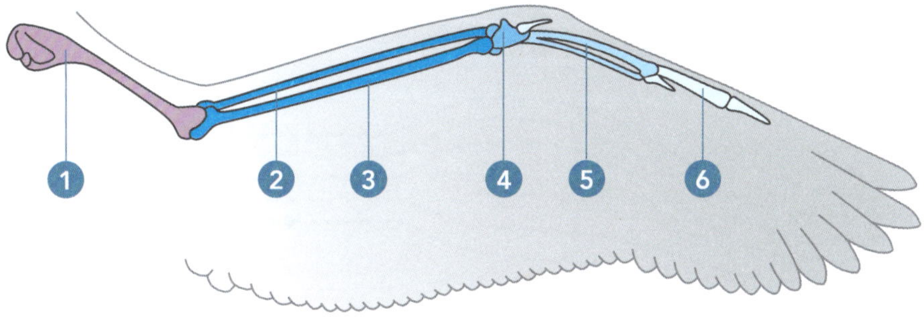

Aufgabe 4: Vergleiche den Fledermausflügel mit dem Vogelflügel hinsichtlich Bau und Funktion. Begründe, ob dieses Armskelett ein typisches Merkmal der Fledermäuse oder der Klasse der Säugetiere darstellt.

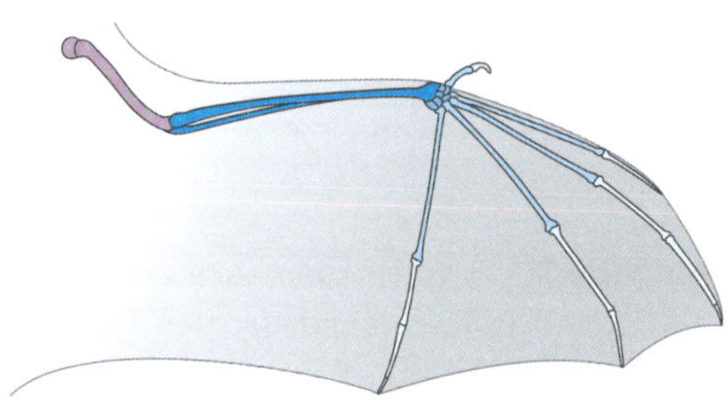

Flugarten: Gleiten und Segeln

Aufgabe 1: Die folgende Abbildung zeigt das Profil (seitlicher Querschnitt) eines Vogelflügels. Beschrifte die Abbildung an den Pfeilen und der Klammer mithilfe des Schulbuches (siehe Seite 79).

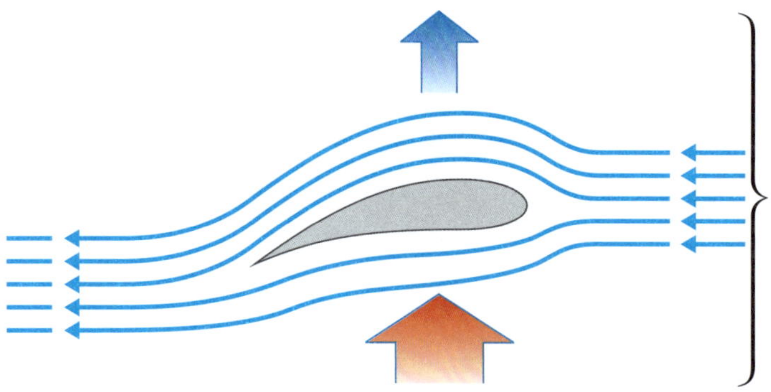

Aufgabe 2: Gleiten bedeutet, dass der Vogel von einem erhöhten Punkt aus mit ausgebreiteten Flügeln langsam zu Boden sinkt, ohne mit den Flügeln zu schlagen. Die maximale Gleitstrecke verschiedener Vögel ist unterschiedlich groß (siehe Abbildung).
Nenne die Faktoren, die die Gleitstrecke beeinflussen, und beschreibe, wie sie miteinander zusammenhängen.

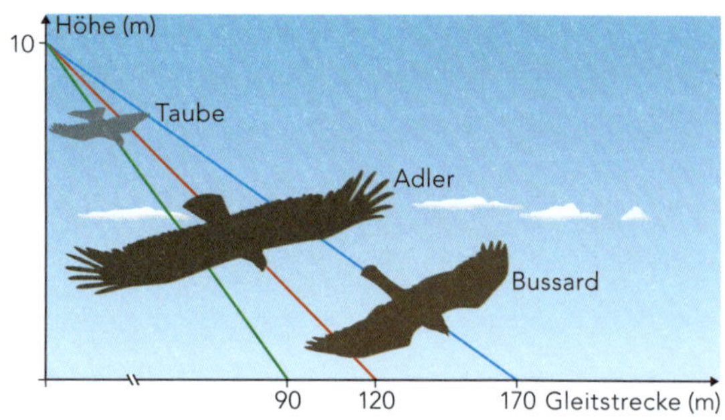

Aufgabe 3: Ein Vogel kann auch an Höhe gewinnen, ohne mit den Flügeln zu schlagen. Benenne und beschreibe die beiden hier dargestellten Möglichkeiten.

Der Ruderflug

Im Folgenden sind einzelne Phasen des Ruderfluges dargestellt. Leider ist die Reihenfolge durcheinander gekommen.

1

2

3

4

5

6

Aufgabe 1: Sortiere die Abbildungen 1 bis 6 in die richtige Reihenfolge. Beginne bei Foto 1.

Aufgabe 2: Begründe deine Reihenfolge, indem du die Veränderungen des Flügels und der Flügelfläche beim Aufschlag und Abschlag beschreibst.

Nahrungserwerb: Gebissformen

Die folgenden Bilder zeigen das Gebiss einer Katze (links) und eines Rindes (rechts).

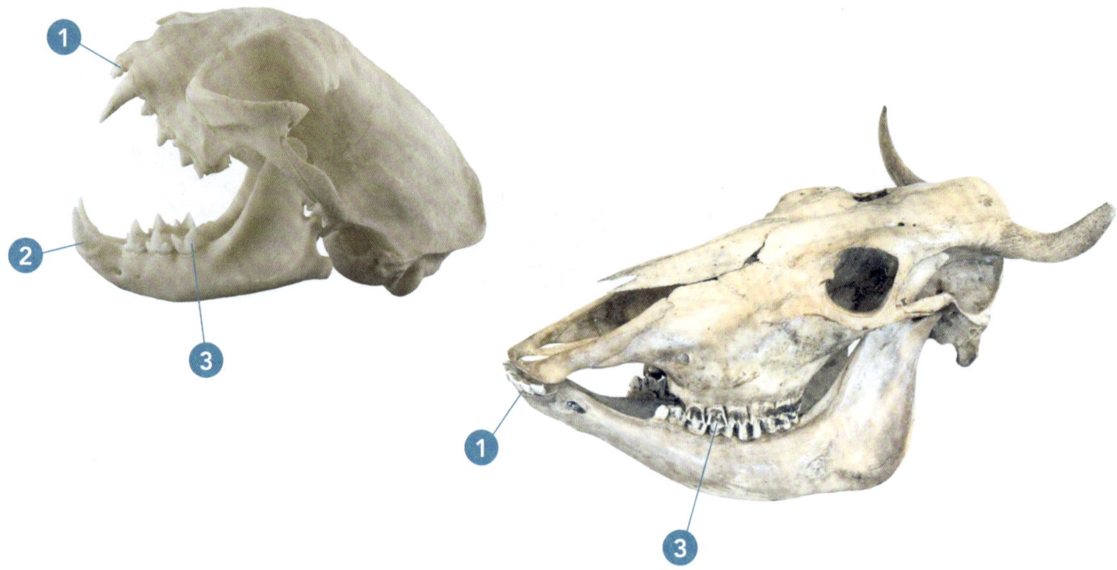

Aufgabe 1: Male die unterschiedlichen Zahntypen der Gebisse mit verschiedenen Farben an.

Aufgabe 2: Beschrifte die Abbildung des Gebisses der Katze mithilfe des Textes im Schulbuch auf Seite 102 und beschreibe kurz die Aufgaben der verschiedenen Zahntypen.

1 ______________________________

____

2 ______________________________

____

3 ______________________________

____

Aufgabe 3: Vergleiche die Struktur der Zähne 1 und 3 des Rindes mit dem Bau der entsprechenden Zähne der Katze und begründe die Unterschiede anhand der unterschiedlichen Funktionen der Zähne.

____

____

____

____

____

____

Vergleich verschiedener Verdauungssysteme

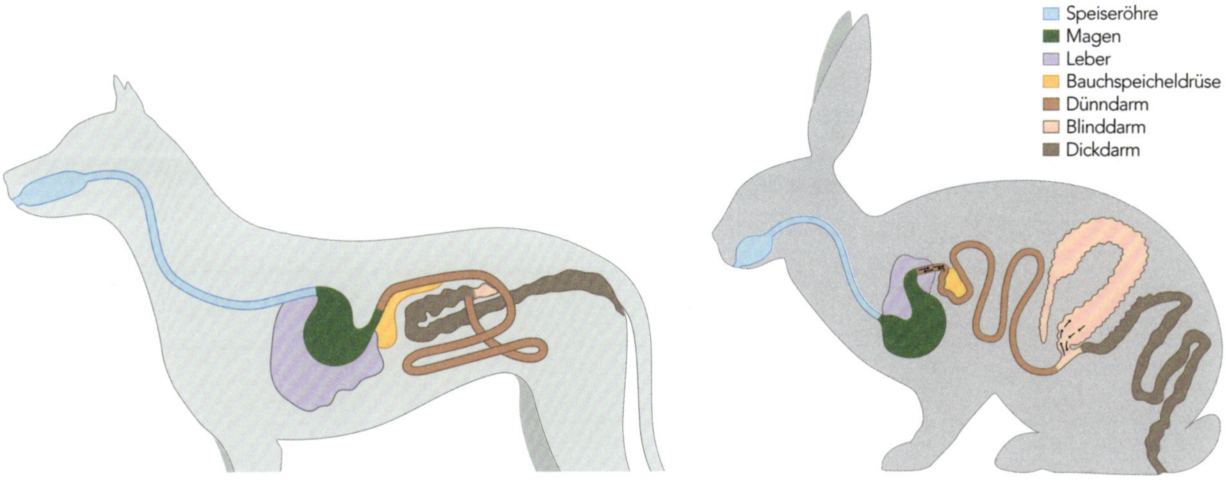

Aufgabe 1: Vergleiche die Verdauungssysteme von Hund und Kaninchen, indem du folgende Tabelle ergänzt.

Organ	Funktion allgemein	Größe / Gestaltung beim Hund	Größe / Gestaltung beim Kaninchen
Magen			
Dünndarm			
Leber			
Bauchspeicheldrüse			
Blinddarm			
Dickdarm			

Aufgabe 2: Begründe die unterschiedliche Ausprägung des Blinddarms im Zusammenhang mit der aufgenommenen Nahrung der Tiere und anhand der Aufgabe des Organs.

Thermokonforme und Thermoregulatoren

Mit einem Infrarot-Sensor-Gerät wurden die Hauttemperaturen verschiedener Lebewesen und die Temperatur der unmittelbaren Umgebung gemessen. Jede Messung wurde dreimal durchgeführt.
Die ermittelten Messwerte sind in der Tabelle dargestellt.

Messort	Temperatur in °C			Mittelwert
Mensch-Oberarm (unbekleidet)	28	27,5	28,5	28
Raumtemperatur	23	21	22	22
Kornnatter	21	20,4	21,2	20,9
Umgebung (Sandboden)	23	21,9	20,8	21,9
Kröte	13,8	15,7	14,1	14,5
Umgebung (Moos)	14,1	13,9	14,8	14,3
Wüstenrennmaus	28,5	29,1	34,1	30,6
Umgebung (Einstreu)	23	21,9	23,5	22,8

Aufgabe 1: Übertrage die Messwerte und die jeweiligen Mittelwerte in das folgende Diagramm.

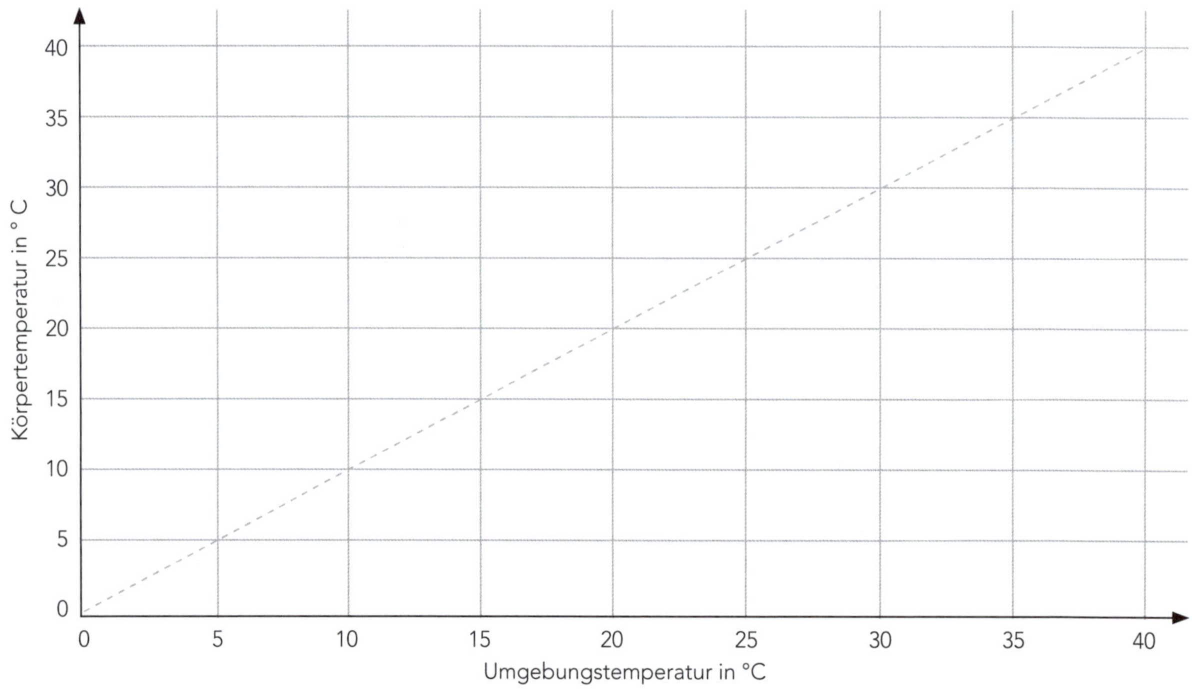

Aufgabe 2: Vergleiche die gemessenen Werte und ziehe daraus eine Schlussfolgerung. Beachte auch die Art und Funktion der Körperbedeckung der Tiere.

Thermokonforme und Thermoregulatoren

Aufgabe 3: Suche nach möglichen Fehlern, die bei den Messungen aufgetreten sein könnten, und schlage Verbesserungen in der Durchführung vor. Begründe auch, warum jede Messung dreimal durchgeführt wurde.

Aufgabe 4: Ergänze den Kurvenverlauf in den folgenden Diagrammen jeweils mit einer **roten Linie für Thermoregulatoren** und mit einer **blauen Linie für Thermokonforme**. Formuliere darunter die wesentliche Aussage für jedes Diagramm und begründe kurz. Überlege dir die Konsequenz für die Aktivität von Thermokonformen bei sehr hohen und sehr niedrigen Temperaturen.

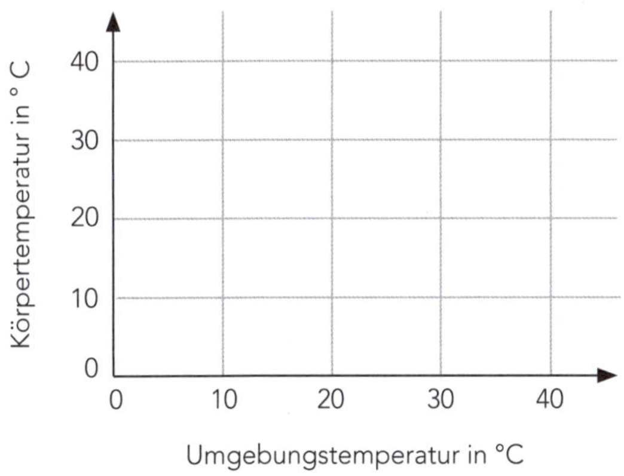

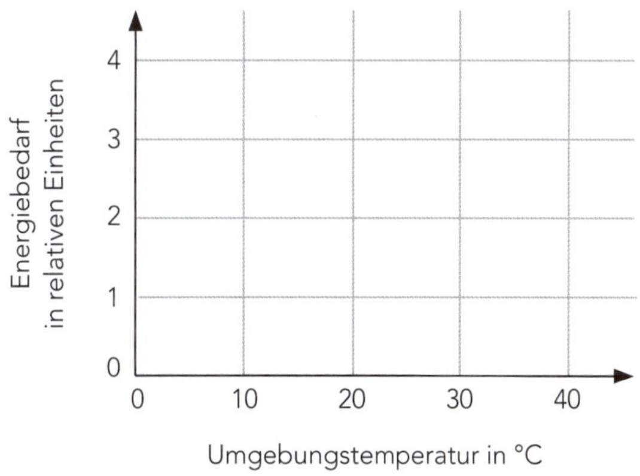

Atmungsorgane im Vergleich

Aufgabe 1: Ein Atmungsorgan dient zur Aufnahme von Sauerstoff aus dem Wasser oder aus der Luft in das Blut sowie zur Abgabe von Kohlenstoffdioxid aus dem Blut. Die Gase gelangen durch Diffusion auf die andere Seite der Haut, die das Atmungsorgan umgibt. Beschreibe stichpunktartig die Gestaltung der wesentlichen Strukturen eines Atmungsorgans, sodass der Gasaustausch in ausreichendem Maß gesichert ist.

Aufgabe 2: Vergleiche den Aufbau der Kiemen ① mit dem der Lunge ④. Finde Gemeinsamkeiten und Unterschiede.

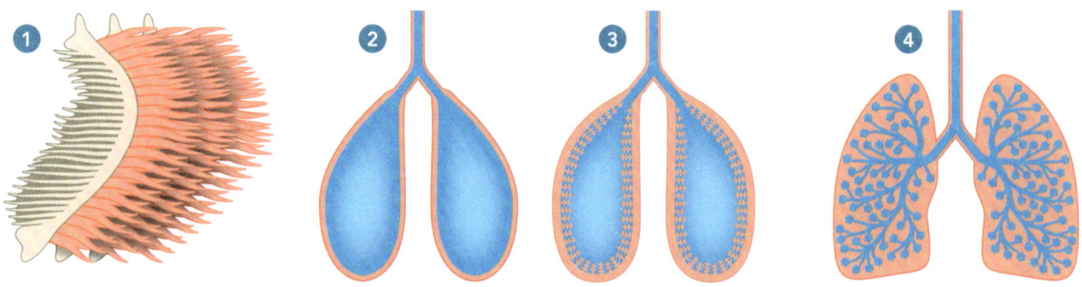

Aufgabe 3: Erkläre anhand des Prinzips der Oberflächenvergrößerung die höhere Leistungsfähigkeit der Lunge ③ gegenüber der Lunge ② auf Teilchenebene.

Unterschiedlicher Sauerstoffbedarf beim Frosch

Ordne jeder Station (1 – 3) eine der Situationen (a, b oder c) zu und begründe jeweils, warum der Frosch z. B. über die Hautatmung alleine ausreichend versorgt ist oder warum er zusätzliche andere Atemmethoden anwenden muss.

1 nur Hautatmung

2 zusätzlich Mundbodenatmung

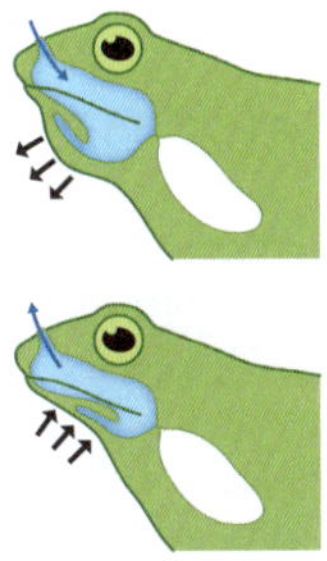

3 zusätzlich Lungenatmung

steigender Sauerstoffbedarf

a) Der Frosch ist an einem sonnigen Tag an Land auf der Jagd nach Beute.
b) Der Frosch sitzt in sehr kaltem Wasser.
c) Der Frosch schwimmt langsam in lauwarmem Wasser.

1

2

3

Experimente zum Wärmeverlust

V1 Welches Material hält besonders warm?

Material
5 Reagenzgläser, großes Becherglas, Heizplatte, Thermometer, Uhr, isolierendes Material

D1

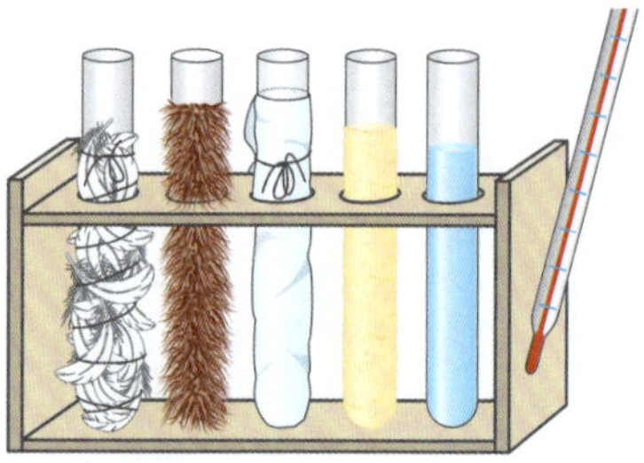

Umwickle vier der fünf Reagenzgläser (RG) jeweils mit einem anderen Material. Erhitze 200 mL Wasser auf der Heizplatte bis ca. 60 °C. Gieße das heiße Wasser jeweils bis zum gleichen Füllstand in die fünf Reagenzgläser. Miss die Temperatur in regelmäßigen Abständen und notiere die Werte in der Tabelle. Berechne nach zehn Minuten den Gesamtwert des Temperaturverlustes für jedes Glas.

B1

	Zeit in min	0	2	4	6	8	10	Gesamt
Temperatur in ° C	RG 1							
	RG 2							
	RG 3							
	RG 4							
	RG 5: Kontrolle							

E1 Interpretiere dein Ergebnis.

V2 Wovon hängt der Wärmeverlust noch ab?

D2 Folgender Versuch wurde durchgeführt: Verschiedene Kartoffeln (siehe Abbildung) wurden nach 20 Minuten Kochzeit in Wasser herausgenommen und jeweils mit einem Thermometer versehen. In regelmäßigen Abständen wurde die Temperatur abgelesen.

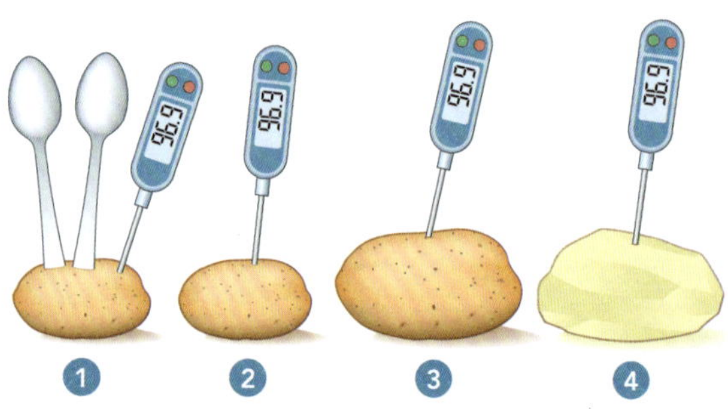

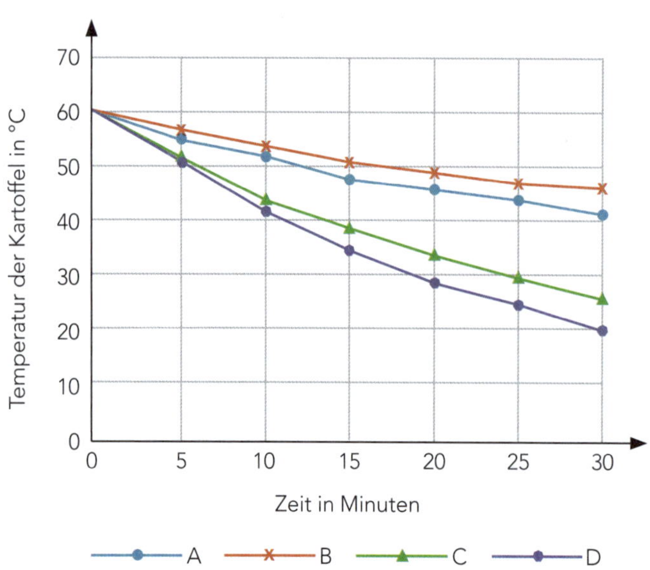

E2 Ordne die Kurven A bis D den vier Kartoffeln zu und begründe kurz.

Teichmolche im Winter

Material 1: Lebensweise des Teichmolches

Im Frühjahr und Frühsommer hält sich der Teichmolch vorwiegend im Wasser auf. Dann stehen vor allem Kleinkrebse wie z. B. **Daphnien** auf seinem Speiseplan, aber auch Froschlaich, Kaulquappen und sogar Eier und Larven der eigenen Art. Wenn es im Herbst kalt wird, ziehen sich die Tiere in frostsichere Unterschlüpfe im Boden zurück oder überwintern in den kalten Gewässern. Ab einer Umgebungstemperatur von unter **6 °C** fallen sie in eine **Kältestarre** und nehmen aufgrund der Bewegungsunfähigkeit keine Nahrung mehr zu sich. Ihr Stoffwechsel ist so stark verlangsamt, dass sie diese Zeit ohne Nahrung überstehen können.

Material 2: Lebensweise der Daphnie (Wasserfloh)

Bei großem Nahrungsangebot und milden Temperaturen vermehren sich Daphnien sehr schnell, sodass es zu einem Massenauftreten kommen kann. Wenn sich die Umweltbedingungen in ihrem Lebensraum verschlechtern – z. B. im Herbst – legen die Weibchen befruchtete Eier. Diese Eier sind von einer widerstandsfähigen Hülle umgeben, die sie vor Hitze, Kälte und/oder Trockenheit schützt. **In dieser Form überwintern die Tiere am Boden des Gewässers.**

Auch von anderen Kleinstlebewesen überwintern **nur solche widerstandsfähigen Formen am Grund des Sees.**

Material 3: Diagramme

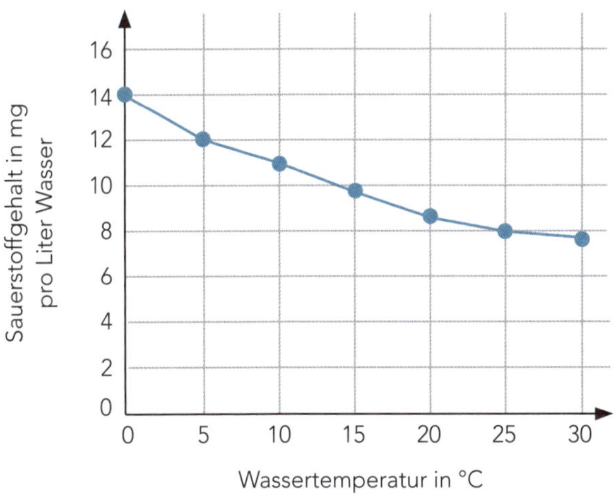

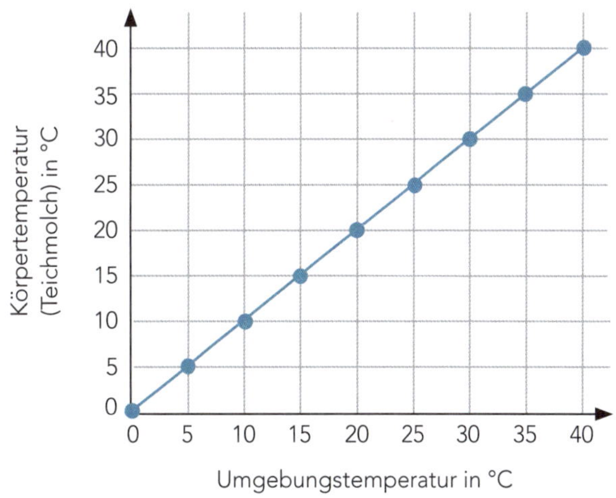

Aufgabe: In den letzten Jahren werden die Winter bei uns immer wärmer und die Gewässer frieren nicht mehr zu. Es kann sogar vorkommen, dass die Wassertemperatur über einen langen Zeitraum bei ungefähr 10 °C liegt. Beschreibe und begründe die Problematik, die sich daraus für einen im See überwinternden Teichmolch ergeben könnte.

Winter: Probleme und Lösungen

Aufgabe 1: Betrachte die linke Abbildung und formuliere Probleme, mit denen Tiere im Winter zurechtkommen müssen. Ergänze im Schema rechts zwei Pfeile für ‚**Nahrungsangebot**' und ‚**Nahrungsbedarf**', deren Pfeilstärke die Situation im Winter symbolisiert.

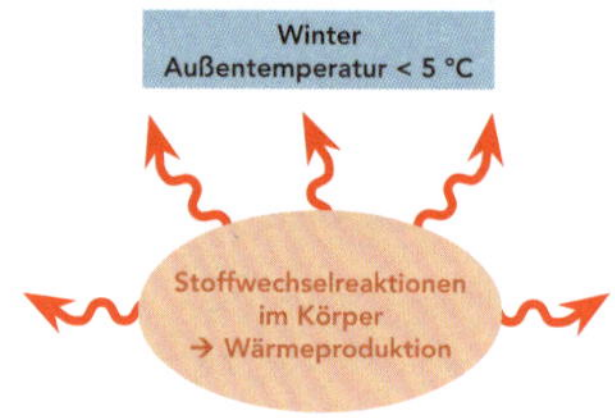

Aufgabe 2: Im Laufe der Evolution haben Tiere verschiedene Lösungen für die Probleme im Winter gefunden. Informiere dich im Buch auf den Seiten 120 bis 123 und stelle die Möglichkeiten übersichtlich dar, indem du folgendes Schema ergänzt.

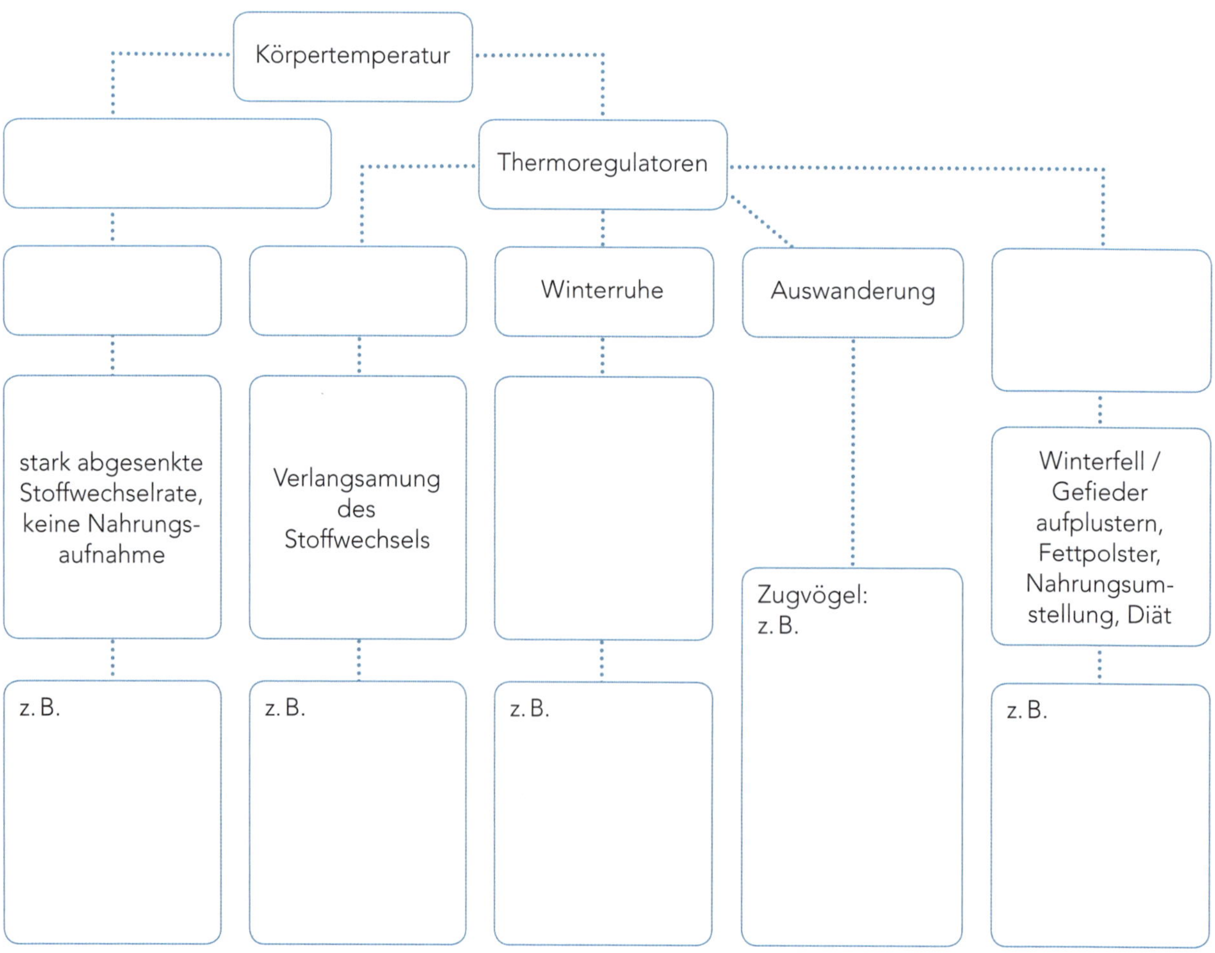

Fortpflanzung und Entwicklung bei Fischen

Aufgabe 1: Die Abbildung zeigt die Fortpflanzung und Entwicklung von Fischen am Beispiel des Karpfens. Beschrifte die Abbildung.

Aufgabe 2: Ergänze den folgenden Lückentext sinnvoll mit Begriffen aus dem Kasten (mehrfache Nennungen sind möglich).

Wortliste als Lösungshilfe:

Geschlechtszellen – Larven – Fortpflanzung – Laichen – befruchtete Eier – Befruchtung – tierisches Plankton – Jugendformen – Insektenlarven – Männchen – Würmer – Rogner – Laichspiel – Spermien – Eizellen – Milchner – äußere Befruchtung – Weibchen – Dottersack

Karpfen verbringen ihr gesamtes Leben im Wasser. Folglich findet bei ihnen auch die ____________ ____________ im Wasser statt. Dabei umkreist zunächst das ____________ (in der Fischersprache als ____________ bezeichnet) ein ____________ (einen ____________), um dessen Aufmerksamkeit zu erlangen. Beim ____________ stupst das ____________ das ____________ mehrfach mit dem Maul in die Flanke. Nach krampfartigen Bewegungen werden mehr als eine Million ____________ gleichzeitig oder kurz nacheinander ins Wasser abgegeben. Man spricht vom ____________. Die ____________ schwimmen zu den ____________ und die ____________ findet außerhalb des Körpers statt, weshalb man von einer ____________ spricht. Die ____________ bleiben an Wasserpflanzen kleben. Nach etwa vier Tagen schlüpfen die ca. 7 mm großen ____________, die zunächst noch die Schwimmblase füllen müssen, bevor sie im Wasser schweben können.

Unter ____________ versteht man generell ____________ von Tieren, die besondere Organe aufweisen, welche dem erwachsenen Tier fehlen. In den ersten acht Tagen benötigen die Larven noch kein Futter, da sie sich in dieser Zeit vom ____________ ernähren. Danach fressen sie als Jungtiere ____________, später z. B. ____________ und ____________.

Fortpflanzung und Entwicklung beim Teichfrosch

Aufgabe 1: Die Abbildung zeigt die Individualentwicklung des Teichfrosches. In der Abbildung ist die Fortpflanzung des Frosches jedoch nicht dargestellt. Benenne und beschreibe die Form der Fortpflanzung, die bei Teichfröschen vorliegt.

Aufgabe 2: Im Laufe seines Lebens macht der Teichfrosch eine starke Gestaltänderung durch. Nenne den Fachbegriff für diese Gestaltänderung und definiere ihn.

Aufgabe 3: Vervollständige die Tabelle mit dem jeweiligen Lebensraum sowie den Besonderheiten und Angepasstheiten im Körperbau.

	Kaulquappe (Larve)	Frosch (erwachsenes Tier)
Lebensraum		
Atmung		
Fortbewegung		
Körperbau und Körperoberfläche		
Ernährung		

Fortpflanzung und Entwicklung an Land

Aufgabe 1: Reptilien, Vögel und Säugetiere werden auch unter dem Begriff Nabeltiere bzw. Amnioten zusammengefasst. Die Nabeltiere haben die beiden grundsätzlichen Probleme der Fortpflanzung an Land gelöst. Beschreibe diese Probleme und gib jeweils kurz an, wie sie durch die verschiedenen Wirbeltiergruppen gelöst wurden.

Aufgabe 2: Die folgende Abbildung zeigt einen Längsschnitt durch einen Säugerembryo in der Fruchtblase. Beschrifte die Abbildung mithilfe der Informationen im Schulbuch auf Seite 132.

Fortpflanzung und Entwicklung bei Vögeln

Aufgabe 1: Beschrifte die folgende Abbildung und beschreibe die Begattung und Befruchtung beim Huhn.

Aufgabe 2: Beschreibe die Bildung eines befruchteten Hühnereis anhand der Abbildung.

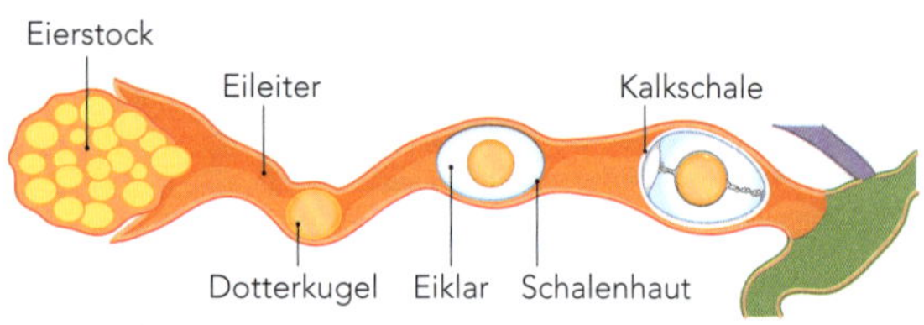

Aufgabe 3: Frisch geschlüpfte Hühnerküken und Amselküken unterscheiden sich in ihrem Entwicklungsstand und Verhalten. Nenne jeweils den Fachbegriff für den Jungtiertyp bei Huhn und Amsel und erläutere den Zusammenhang zur Lebensweise.

Elternaufwand bei Wirbeltieren

Aufgabe 1: Einige Vertreter der Buntbarsche werden auch als Maulbrüter bezeichnet, da die Elterntiere die 15 bis 30 befruchteten Eier oder Larven zum Schutz ins Maul nehmen. Karpfen legen hingegen über eine Million Eier und Stichlinge etwa 100 Eier. Lies im Schulbuch auf Seite 146 nach und begründe dann die unterschiedlichen Eianzahlen der drei Fischarten.

Aufgabe 2: Skizziere die erwartete Überlebens- und Sterberate von Maulbrütereiern in das folgende Diagramm und erstelle eine Kosten-Nutzen-Bilanz.

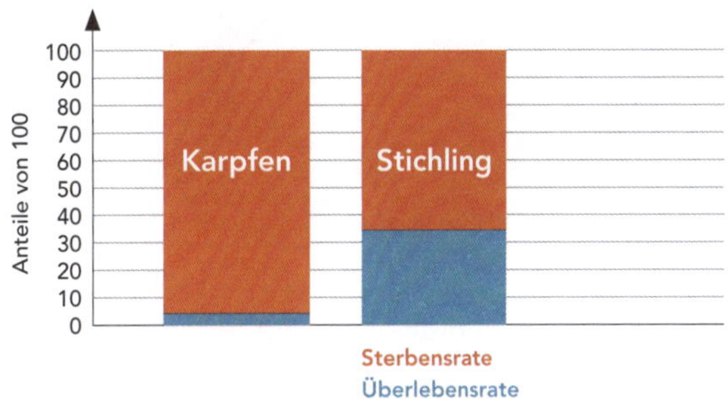

Aufgabe 3: Die folgende Tabelle enthält Informationen über die elterliche Fürsorge bzw. das Brutpflegeverhalten verschiedener Froschlurcharten. Ordne die folgenden Eianzahlen den drei Froschlurchen begründet zu: 5 Eier, 60 Eier, 3000 Eier.

Geburtshelferkröte
- Männchen trägt Laichschnüre mit befruchteten Eiern an den Hinterbeinen mit sich herum
- Eier werden erst vor dem Schlüpfen ins Wasser gegeben
- Eianzahl: ________

Grasfrosch
- Laich direkt ins Wasser
- keine weitere Brutpflege durch die Eltern
- Eianzahl: ________

Erdbeerfrosch
- befruchtete Eier werden vom Männchen bewacht
- geschlüpfte Larven werden vom Weibchen noch bis zu acht Wochen versorgt
- Eianzahl: ________

Verantwortung des Menschen für Wirbeltiere

Nachdem die Erdkröten den Winter in Kältestarre z. B. in einem Erdloch im Wald verbracht haben, begeben sie sich im Frühjahr auf eine Wanderung zu ihren Laichgewässern. Da sie laichplatztreu sind, wandern sie stets zu dem Gewässer, aus dem sie selbst geschlüpft sind. Nach der erfolgten Fortpflanzung und dem Laichen ziehen die Männchen und Weibchen von den Laichgewässern in ihre Sommerquartiere, die meist in Wäldern, Wiesen oder Gebüschen liegen.

Aufgabe 1: Die folgende Abbildung zeigt den ursprünglichen Lebensraum mehrerer Erdkröten. Beschrifte die Abbildung mit den Begriffen Winterquartier, Laichgewässer und Sommerquartier. Zeichne mit Pfeilen mögliche Wanderungsstrecken von Erdkröten ein.

Aufgabe 2: Die folgenden beiden Bilder zeigen die Veränderungen des Lebensraums der Erdkröte im Laufe von 20 Jahren. Beschreibe die Veränderungen des Lebensraums und begründe die Auswirkungen auf den Fortpflanzungserfolg der Erdkröte.

Aufgabe 3: Beschreibe Maßnahmen, die der Mensch ergreifen kann, um den Erdkröten zu helfen.

Sinnesleistungen

Aufgabe 1: Maulwurf, Hund und Seeadler besitzen alle Sinnesorgane zum Sehen, Hören, Riechen und Tasten. Jedoch ist die Leistungsfähigkeit der einzelnen Sinne bei den drei Tieren sehr unterschiedlich gut ausgeprägt.

Die Comiczeichnungen verraten dir schon etwas über die Sinnesorgane, die gut oder nur sehr schlecht ausgebildet sind. Erkläre die unterschiedliche Leistungsfähigkeit der Sinnesorgane anhand des Lebensraumes und der Lebensweise der drei Tiere.

Aufgabe 2: Die Abbildung zeigt den Riechsinn von Mensch und Hund im Vergleich. Beschreibe die Unterschiede im Bau der Organe und ziehe begründet einen Rückschluss auf die Leistungsfähigkeit beider Organe.

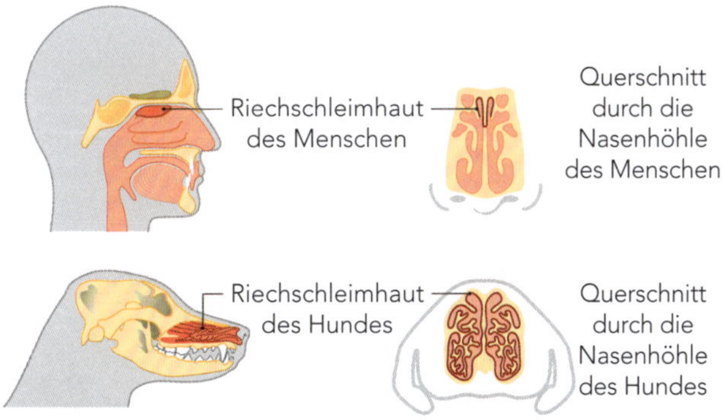

Verwandtschaft erkennen

Die Abbildung zeigt Gliedmaßen-Skelette verschiedener Wirbeltiere (Größenverhältnisse stimmen nicht).

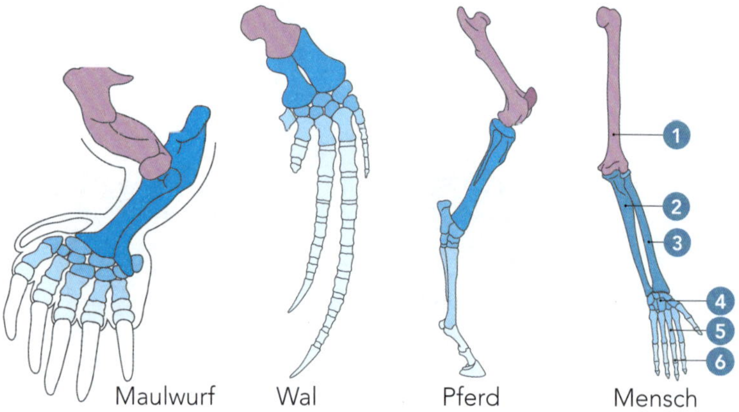

Aufgabe 1: Beschrifte die Knochen ① bis ⑥.

Aufgabe 2: Erkläre die Bedeutung der Farbgebung in der obigen Abbildung und begründe daraus die Zusammenfassung der vier Lebewesen in einer gemeinsamen Gruppe.

Aufgabe 3: Vögel und Reptilien haben im Gegensatz zu Säugetieren Hornschuppen und zwei Schläfenfenster. Erkläre mit dieser Information die Anordnung der drei Klassen im Stammbaum der Wirbeltiere.

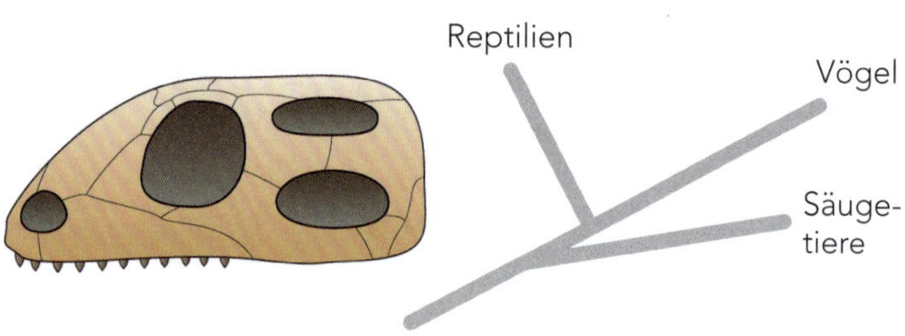

Energiemanagement

In den folgenden Kästen sind **Vorgänge** und die daraus entspringenden **Anforderungen** an die Lebewesen aufgeführt. Im Laufe der Evolution führten diese Prozesse durch Selektion zu Veränderungen unterschiedlicher Merkmale.

1. Landgang: • fehlender Auftrieb • Gefahr der Austrocknung	2. Kontinuierliche Aktivität und Besiedelung kalter Regionen: • Schutz vor Wärmeverlust • Regulation der Körpertemperatur	3. Körperliche Anstrengung wie z. B. schnelles Laufen oder Fliegen • hoher Energiebedarf der Muskulatur

Aufgabe 1: Formuliere in den leeren Kästen die Veränderungen für die angegebenen Merkmale, die die Tiere jeweils dazu befähigten, die Anforderungen zu erfüllen.

Zeitstrahl →

Körperbedeckung und Skelett:

1.	2. und 3.

Lunge und Herzkreislauf-System:

1.	2.	3.

Aufgabe 2: Fasse die Entwicklung jeweils in einer Tendenz zusammen.

____

____

____

____

____

____

____

Überblick über die Kennzeichen der Wirbeltierklassen

	Fische	Amphibien
	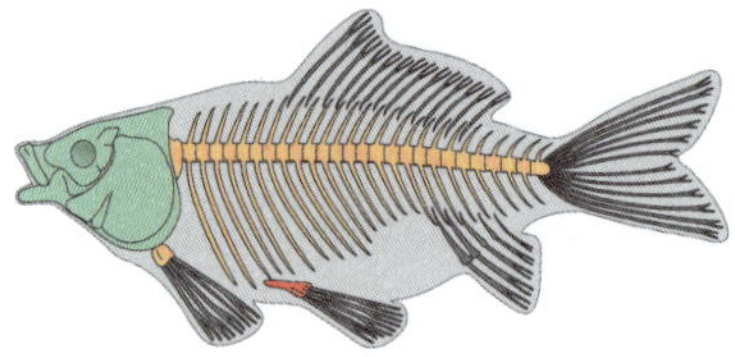	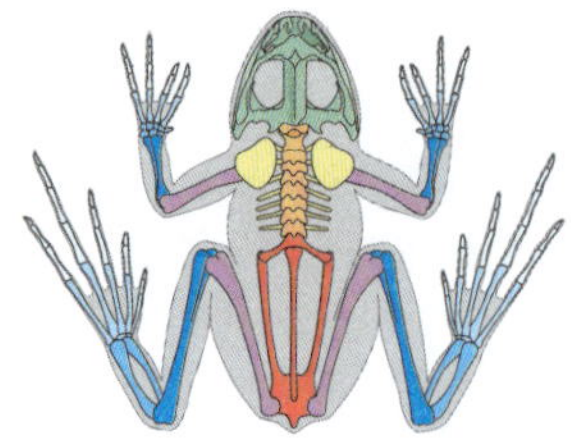
Körperbedeckung	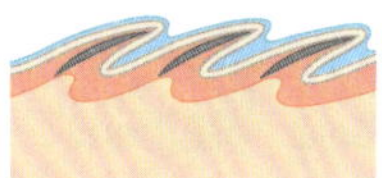	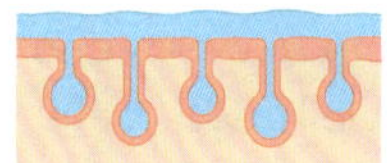
Regulation der Körpertemperatur		
Atmung		
Blutkreislaufsystem ● kohlenstoffdioxidreiches Blut ● sauerstoffreiches Blut ● Mischblut	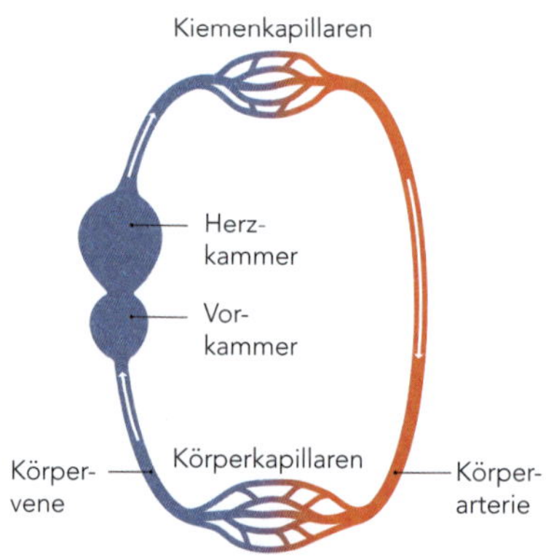	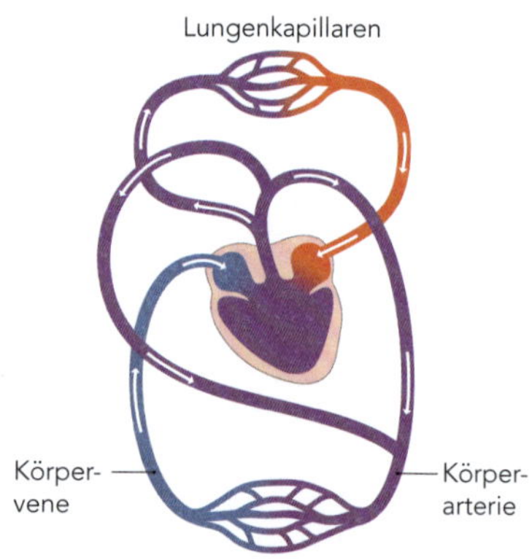
Fortpflanzung und Entwicklung		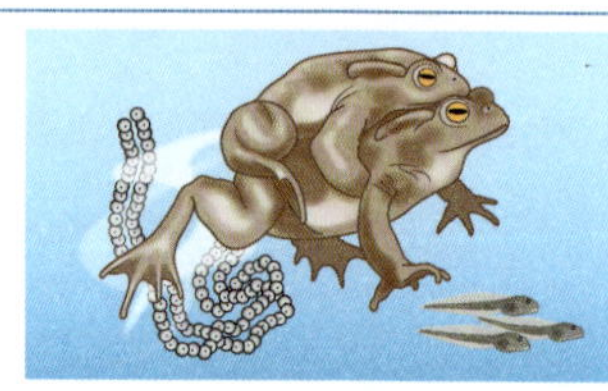

Reptilien	Vögel	Säugetiere
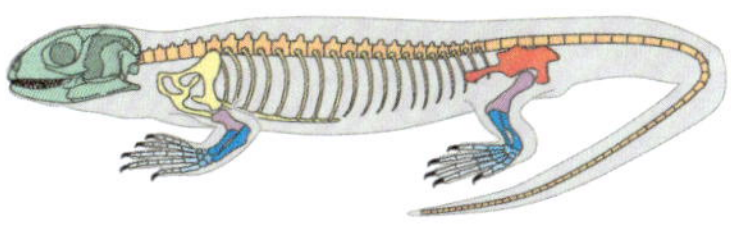	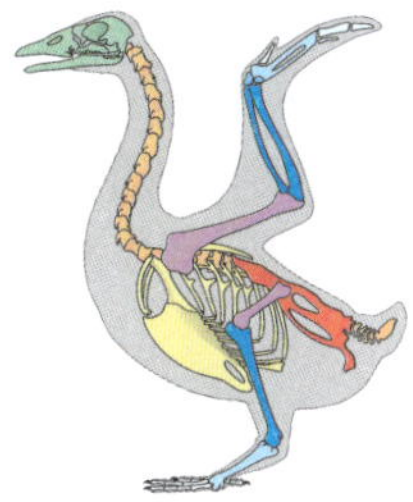	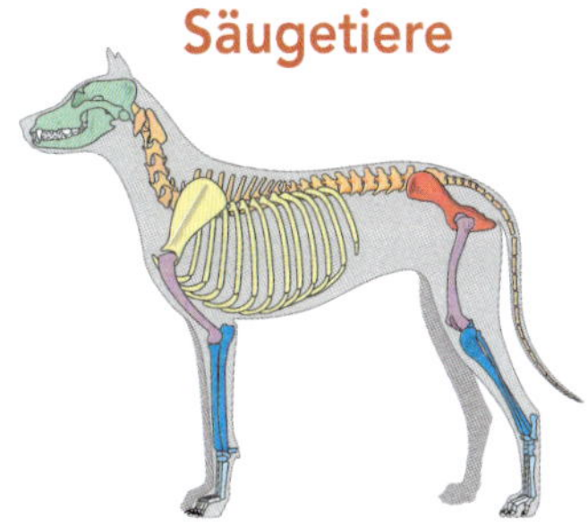
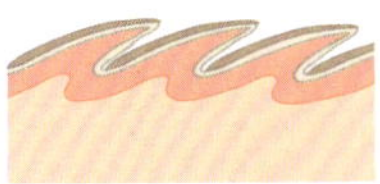	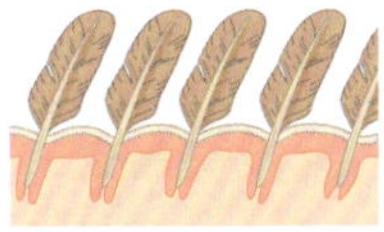	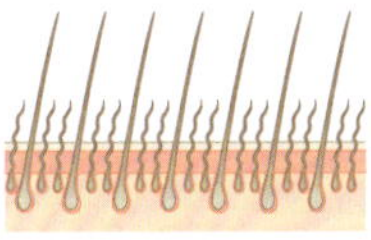
zunehmende Vergrößerung der Lungenoberfläche Leistungsfähigkeit der Tiere nimmt zu		
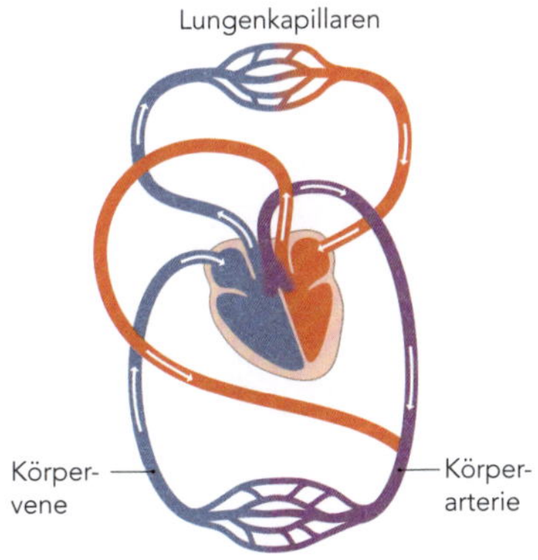	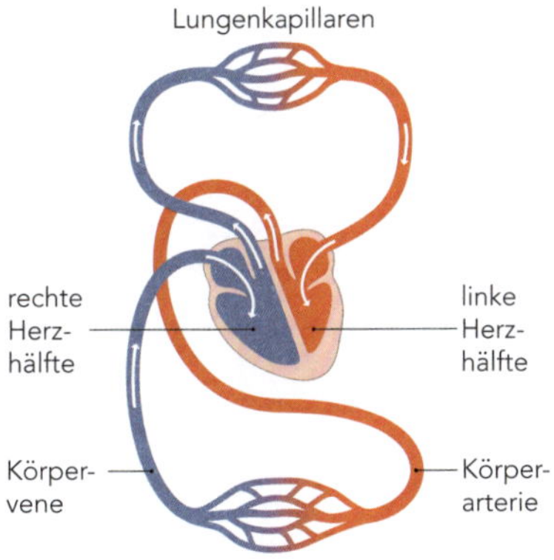	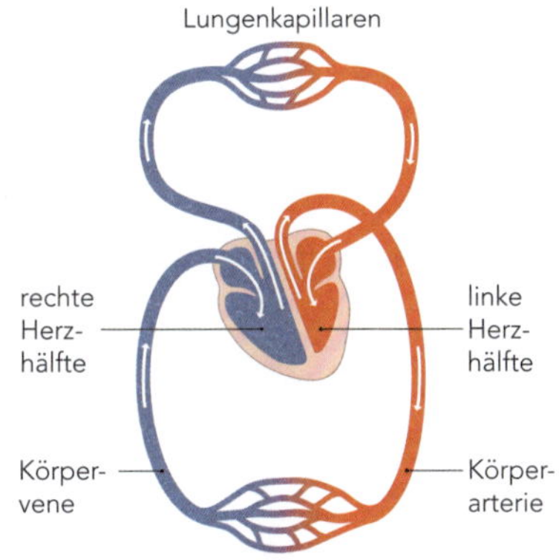

Evolutionsmechanismen

Material
verschiedenfarbige Perlen (Durchmesser 0,5 bis 1 cm), farbiger Karton, Stoppuhr

V Erlebte Evolution – ein Modellspiel

D Es werden Teams mit vier bis fünf Mitgliedern gebildet. Drei bis vier Mitglieder werden als Räuber eingeteilt. Ein Mitglied ist der Spielleiter. Die „Räuber" müssen die Augen schließen, während der Spielleiter ca. 50 verschiedenfarbige Perlen – dies ist die „Beute" – auf einem farbigen Karton verteilt. Der Spielleiter eröffnet das Spiel. Die Räuber dürfen nach einem Startsignal des Spielleiters für drei Sekunden die Augen öffnen und nach den Perlen greifen. Die übrig gebliebenen Perlen werden ausgezählt und der Wert notiert. Für jede verbliebene Perle wird eine weitere mit der gleichen Farbe auf das Spielfeld gelegt. Wiederholt die ‚Beutesuche' viermal. Ihr könnt euch auch noch andere Spielvarianten einfallen lassen (vgl. Schulbuch Seite 185).

B Protokolliert nach jeder Runde die Anzahl der zurück gebliebenen Steine und die Anzahl der Steine für die neue Runde in einer Tabelle.

Farbe der Steine:	Runde 1 Start	Runde 1 Ende	Runde 2 Start	Runde 2 Ende	Runde 3 Start	Runde 3 Ende	Runde 4 Start	Runde 4 Ende	Runde 5 Start	Runde 5 Ende

Aufgabe 1: Erkläre anhand der oberen Abbildung den Begriff ‚Variation'.

Aufgabe 2: Finken auf den Galapagosinseln ernähren sich von Samen und Früchten. Aufgrund einer Dürre 1977 wurde die Nahrung knapp, sodass sich einige Finken von harten Samen und andere von Insekten, die sie aus Felsspalten pickten, ernährten. Erkläre die im Diagramm dargestellte Veränderung der Schnabellänge nach der Dürre im Zusammenhang mit den Ergebnissen des Modellspiels.

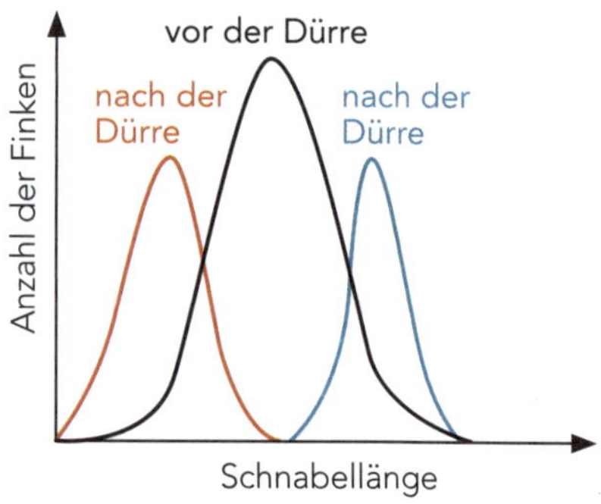

Zucht und Haltung von Nutztieren

In Deutschland werden rund 12,1 Millionen Rinder gehalten (Mai 2018 – statistisches Bundesamt). Davon sind 4,2 Millionen Milchkühe und 60 % aller Betriebe sind Milcherzeuger.

Aufgabe 1: Erkläre, wie ein Züchter vorgehen muss, wenn er aus einer Milchkuh eine Fleischkuh (siehe Bild) züchten möchte.

Aufgabe 2: Erkläre den wesentlichen Unterschied zwischen Zucht und natürlicher Selektion.

Aufgabe 3: Die Milchkühe in Deutschland werden sehr unterschiedlich gehalten – u. a. in Anbindeställen ① und in Weidehaltung ②.

Zwei Politiker diskutieren über Vor- und Nachteile der beiden Haltungsformen ① und ②. Finde jeweils ein Argument gegen die entsprechende Haltungsform.

Hühnerhaltung

Im Durchschnitt verspeist ein Deutscher 200 Eier im Jahr. Die meisten Verbraucher verspeisen ein Ei von einem Huhn aus der Bodenhaltung. Ein Viertel der verwendeten Eier kommt aus der Freilandhaltung und ca. 10 % Prozent der Verbraucher kaufen Eier aus ökologischer Erzeugung. Aber woher weiß man überhaupt, aus welcher Haltung das gekochte Ei kommt?

Aufgabe 1: Erkläre die Aussagen der Eierkennzeichnung (siehe Schulbuch Seite 188 und 189).

Aufgabe 2: Die Erde wird von mehr als sieben Milliarden Menschen bewohnt, davon lebt ca. die Hälfte der Menschen in Städten. In vielen Metropolen wie New York, London oder Berlin gibt es den Trend des „Urban Farming". Dies bedeutet, dass man Landwirtschaft und Tierhaltung auf Hausdächern oder in Gärten betreibt. Informiere dich im Schulbuch auf Seite 140 und 141 über die Ansprüche von Hühnern.

Gestalte für meinen Besitzer eine Haltungsanleitung, sodass ich mich in der städtischen Reihenhaussiedlung in seinem Garten wohlfühle!

Aufgabe 3: In Köln wurde einem Mieter die Haltung von drei Hühnern auf seinem Balkon gerichtlich verboten. Überlege dir zwei Argumente, die der Richter für das Verbot hervorgebracht haben könnte.

Abiotische und biotische Faktoren im Gewässer

Die Abbildung zeigt links den Oleander, eine Pflanze, die an sehr trockene Standorte im Mittelmeerraum angepasst ist (vgl. blaue Kästen). Rechts ist eine Teichrose abgebildet, deren Lebensraum das Wasser ist.

Die Blätter sind aufgrund eines dicken Abschlussgewebes sehr hart.

Auf den Blättern befindet sich eine sehr dicke Wachsschicht.

Der Stängel ist sehr fest und widerstandsfähig.

Aufgabe 1: Informiere dich im Schulbuch auf Seite 203 über die Teichrose. Vergleiche den Bau der beiden Pflanzen und begründe die Unterschiede anhand ihres jeweiligen Standortes.

Aufgabe 2: Die Abbildung zeigt einige Faktoren, die innerhalb des Sees auf eine Rotfeder einwirken. Kennzeichne abiotische Faktoren mit roter und biotische Faktoren mit grüner Farbe.

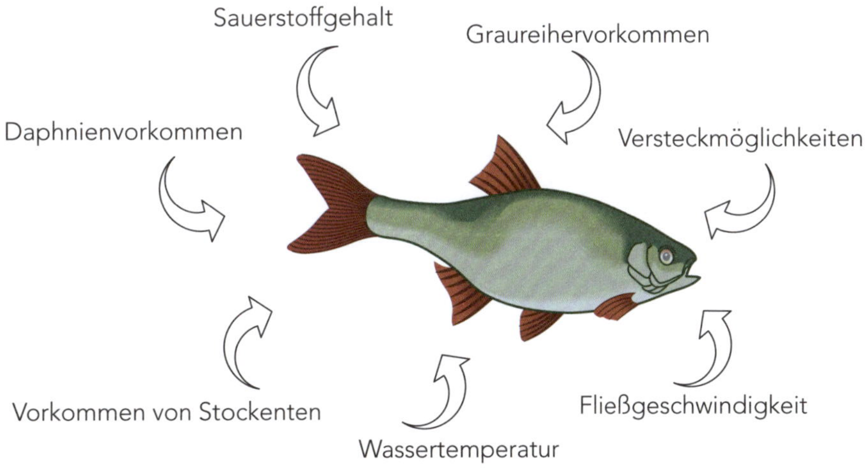

Aufgabe 3: Beschreibe für die biotischen Faktoren jeweils die Wirkung dieses Faktors auf die Rotfeder. (Tipp: Betrachte die Abbildung 4 auf Seite 211 im Schulbuch.)

Nahrungsbeziehungen im Gewässer

Aufgabe 1: Suche in der Abbildung 4 im Schulbuch auf Seite 211 zwei unterschiedliche Nahrungsketten und beschreibe sie. Nenne zwei mögliche Destruenten.
Beschreibe dann die Auswirkung auf das System, wenn z. B. Tier ⑧ ausstirbt.

Aufgabe 2: Die Abbildung zeigt Bestandteile des Stoffkreislaufes in einem See.

a) Vervollständige die Grafik mit Pfeilen und erkläre ihre Bedeutung.

b) Beschreibe den Stoffkreislauf für Kohlenstoff.

c) Beschreibe die Bedeutung des Sonnenlichtes für den Stoffkreislauf.

Gewässerrandstreifen

Flächen von fünf Metern Breite entlang der Ufer von Gewässern werden als Gewässerrandstreifen bezeichnet. Sind diese Streifen mit Büschen und krautigen Pflanzen bewachsen, so sorgen die Wurzeln für eine Festigung des Bodens. Außerdem wird ein großer Teil des Regenwassers von Wiesen und Äckern gebremst und versickert dort im Boden. Daher dienen sie dem Gewässer als wirksamer Schutzsaum und halten Stoffeinträge, die dem Gewässer schaden können, zurück.

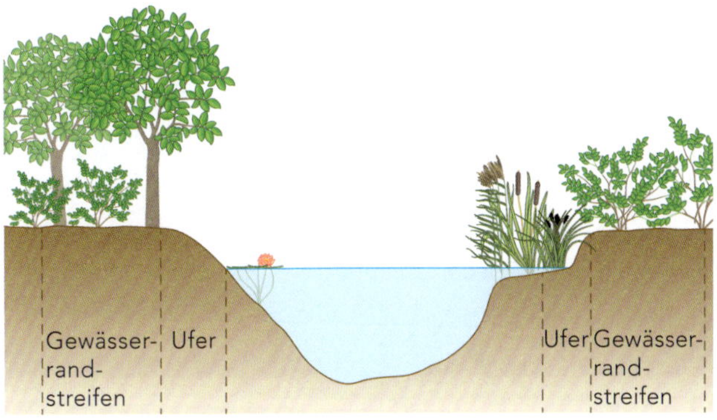

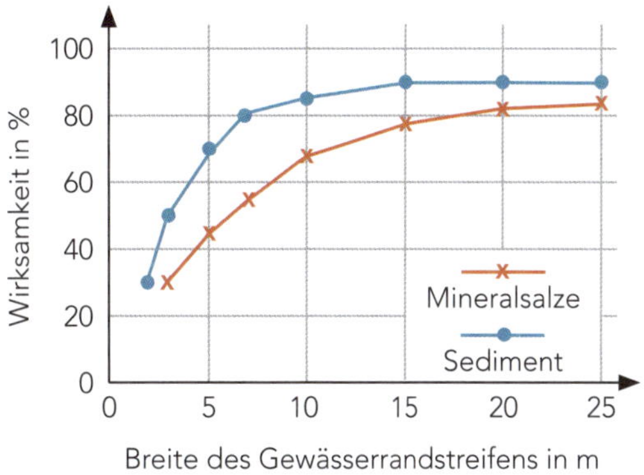

Im § 38 des Wasserhaushaltsgesetzes sind die Nutzungsbedingungen für Gewässerrandstreifen festgelegt:

1. Eine Umwandlung in Ackerland darf nicht erfolgen.
2. Nur in Ausnahmefällen ist das Entfernen standortgerechter Bäume und Sträucher erlaubt.
3. Der Umgang mit wassergefährdenden Stoffen ist dort verboten.

Aufgabe 1: Begründe anhand der Informationen die Maßnahmen des Wasserhaushaltsgesetzes.

1. ______

2. ______

3. ______

Aufgabe 2: Bewerte mithilfe des Diagramms die vorgeschriebene Breite für Gewässerrandstreifen von 5 m.

Aufgabe 3: Ein Landwirt behauptet, dass die Gewässerrandstreifen überflüssig seien, da das bisschen Dünger und Schädlingsbekämpfungsmittel, das mit dem Regen ausgewaschen wird, dem Gewässer schon nicht schaden würde. Nimm begründet Stellung zu dieser Aussage (vgl. Schulbuch Seite 212 und 213).

Bildnachweis

Alamy Stock Photo / Avalon-Photoshot License – S. 21

fotolia / emer – S. 44; - / eptavi – Umschlag Rückseite; - / Rita Kochmarjova – Cover; - / Konstantin Yuganov – Cover

Getty Images Plus / Hemera, Dietmar Höpfl – S. 37; - / Hemera, Solentsov – S. 22; - / iStockphoto, ahavelaar – S. 43; - / iStockphoto, Natalya Aksenova – S. 17; - / iStockphoto, andergro4ka – S. 8; - / iStockphoto, bazilfoto – S. 17; - / iStockphoto, John_Brueske – S. 42; - / iStockphoto, Dragunov – S. 45; - / iStockphoto, Farinosa – S. 17; - / iStockphoto, GlobalP – S. 44; - / iStockphoto, Jevtic – S. 43; - / iStockphoto, mariaflaya – S. 32; - / iStockphoto, Nataliia_Melnychu – S. 35; - / iStockphoto, misspin – S. 9; - / iStockphoto, nyamol – S. 37; - / iStockphoto, Ofeliya-o-nimf – S. 37; - / iStockphoto, salparadis – S. 35; - / iStockphoto, Satirus – S. 22; - / iStockphoto, scisettialfio – S. 45; - / iStockphoto, wrangel – S. 16

Marius-Stefan Moser, Hitzhofen – S. 9

Björn Pertroft Illustrationen und Zeichentrick, Darmstadt – S. 2

Margit Schmidt, Ingolstadt – S. 43

Science Photo Library / Asklepios Medical Atlas – S. 33; - / Thomas Marent, Visual Unlimited – S. 35

www.wikimedia.org / Preto_m / CC BY- SA 3.0 – S. 38